JN185364

基礎から応用まで

高電圧工学

関井 康雄・海老沼 康光　著

電気書院

諸頂いた著作権者の皆様、ならびに、諸団体，企業に厚く御礼申し上げる次第です。最後に本書執筆の機会を与えていただいた電気書院出版企画部開発室長の金井秀弥氏をはじめ、同社編集部の皆様に厚くお礼申し上げます。

著　者

まえがき

高電圧工学は高電圧に特有な物理現象と、それに関連した技術を扱う学問です。高電圧工学で取り扱われるテーマは、高電圧下で生じる放電現象や自然界の放電現象である雷放電の究明、高電圧の発生・測定技術、電気エネルギーの輸送を担う送配変電技術、高電圧機器の設計開発や性能評価のための高電圧試験の技術、高電圧を利用した様々な応用技術、など広い範囲に及んでおります。

大学において高電圧工学の講義がはじめて行われたのは、今から100年以上前の1912年のことでした。100年余に及ぶ歴史を有する高電圧工学ですが、長い歴史を重ねる中で、電気エネルギーの輸送に不可欠な送配電技術や変電技術、および高電圧応用製品開発の基礎となる学問として発展してきました。

高電圧工学の学習に欠かせない教科書として、大先達によって著された数多くの書籍が刊行されておりますが、著者らはこの度、出版社電気書院の求めに応じて新たな教科書を著すことになりました。本書の著者二人は電線ケーブルを製造する企業において「高電圧ケーブル」の研究開発に携わり、それを基に大学で「高電圧工学」の講義を行った経験を有する技術者ですが、その経験を基に、若い学徒が「高電圧工学」を学習するうえで役に立つ教科書を提供することを目指して本書を執筆しました。

本書は高電圧工学の基礎となる放電現象の説明と、高電圧技術および高電圧応用に関する説明とで構成されています。放電現象の説明に費やした本書前半部の１～４章では高電圧工学を習得するうえで欠かせない必須の事柄を分かりやすく説明するように努めました。また、高電圧技術の説明に充てられた後半部の５～８章では、著者らが電力ケーブルの研究開発に携わった経験を通して習得した重要な内容を紹介することに意を用いました。巻末の付録には放電現象の研究の歴史について簡単な説明を加えましたので、学習の参考にしていただければ幸いです。

本書の執筆に際しては、先賢によって著された高電圧工学の教科書を参考にするとともに、それらの書籍に掲載されている図表なども転載・利用させていただきました。また、各種団体・企業からご提供いただいた技術資料や、各機関がインターネット上に公開しているホームページの内容も参考にさせていただきました。本書中に掲載したそれらの図表の転載許諾についてご快

目　次

●執筆分担

関井康雄………第1～4章、第6章2節、付録
海老沼康光……序章、第5章、第6章1節、第7～8章

序章　本書の概要

本章では、第１章以降に記述されている**高電圧現象**や**高電圧発生方法**および**高電圧測定方法**の概要を体系的にまとめ、説明しました。また、**高電圧機器の構造、機能と高電圧機器の試験方法**の概要、さらに、**高電圧応用**として代表的な高電圧機器の概要についても同様に説明します。このことにより、読者が高電圧工学の全体を体系的に理解でき、さらに目的に応じて本書を活用しやすくなるように構成しています。

第１章では**気体の放電現象**について説明しました。気体は固体や液体と比較して、微視的構造が単純で、その放電理論も確立されています。まず、**気体の構造や性質**を説明しました。

・原子の構造

・気体分子の構造、性質

次に、気体に高電圧が印加されると、**衝突電離**が発生します。そのプロセスは次のとおりです。

・衝突電離プロセス：電子の偶発的な発生 → 電界による電子の加速
→ 電子の気体分子への衝突 → 気体の新たな電離
→ 新たな電子の発生

このような衝突電離プロセスにより発生した「新たな電子」がトリガーとなり、再び衝突電離プロセスを繰り返します。そして、ついには「**電子増倍現象**」が起こり、電流が増加し、放電に発展します。この電子増倍現象を取り扱った理論として次の２つがあります。

・**タウンゼント理論**：気体放電の発生機構を説明する代表的な理論です。まず、高電界により加速された**初期電子**が気体の原子に衝突し、その**電離作用**（α 作用）により電子を生じるとともに、気体原子に**励起**や**再結合**が発生します。次に、この過程で発生した**光**や**準安定励起原子**が**陰極表面**に衝突し、新たに２次電子を放出（γ 作用）します。この２次電子が再び高電界により加速され、気体原子との衝突電離、２次電子放出の**プロセスを繰り返し**ます。この繰り返しの**電子増倍現象**により、気体中に**大電流**が流れ、**放電**に至る理論です。

・**ストリーマ理論**：大気圧程度の気体中に急峻な高電圧を印加した場合、**極めて短い時間**（～10^{-8} 秒程度）のうちに放電が生じます。この放電形態は多数回の繰り返し電離過程を前提とするタウンゼントの理論では説明できません。このような条件下の放電理論としてストリーマ理論が提唱されています。この理論では、**電子なだれ**が進展し、ある条件が満たされると**導電性の強い放電路**であるストリ－マが形成されます。この理論はミーク氏により提唱されました。

さらに、気中放電を現象面から取り上げ、次の項目を説明しました。

・不平等電極の**コロナ放電**（局部的な放電）
・全路的な火花放電の特性を表す理論：パッシェンの法則
・各種電極構造や各種気体における放電
・平行板電極、球ギャップ（準平等電界)、同軸円筒電極、針平板電極と棒平板電極の放電
・**電気的負性気体 SF_6** などの放電、混合気体の放電
・高圧力気体中の放電 、**雷放電**
・**グロー放電**と**アーク放電**の特性とその応用

第２章では液体の**電気伝導と絶縁破壊**について説明しました。

・液体分子の構造と性質
・主な液体絶縁材料：鉱油（Mineral Oil)、合成絶縁油 (Synthetic Oil)、極低温液体（空気、窒素、酸素、水素、ヘリウムなど)
・**電気伝導**：キャリア 、電導機構、電圧特性
・絶縁破壊特性：絶縁油の絶縁破壊特性、絶縁破壊の面積効果と体積効果、不純物の影響
・液体の絶縁破壊理論：**電子的破壊理論**（電子の衝突電離に伴う電子増倍作用による破壊)
気泡破壊理論（発熱・電子の衝突解離、電極表面に存在する気泡や高電界による発熱・電子衝突による気泡の発生、さらに、これらの気泡の高電界による成長)
・極低温液体の放電現象：窒素、ヘリウムのパッシェン曲線

第３章では、まず固体絶縁体をいろいろな観点から区分し、それらの電気伝導特性や電気伝導の機構について説明しました。さらに、絶縁破壊の強度および破壊理論について述べました。

・固体絶縁材料の区分

体積抵抗率：金属、半導体、絶縁体

材質：無機材料、有機材料

化学構造：結晶（アルカリハライドなど）、非晶質（ガラスなど）、高分子（ポリエチレン）

・固体絶縁体の**電気伝導現象**

絶縁材料中を流れる電流の時間特性、電圧－電流特性、電流の温度特性

プールフレンケル効果、フレンケル型欠陥とショットキー型欠陥

・**電気伝導の機構**

イオン伝導の機構

電子伝導の機構

空間電荷伝導

・固体絶縁材料の**絶縁破壊の強さ**

印加する電圧の種類、試料の厚さ、周囲媒質などの二次的要因

E（交流）＜E（直流）＜E（雷インパルス）

絶縁破壊のメカニズム

空間電荷の影響

試料厚さの影響 $V=A \cdot d^n$（n：0.3 ～ 1.0）

周囲媒質の影響

絶縁材料中の欠陥（異物、ボイド、絶縁層と導電層の境界面）

・固体絶縁体の**絶縁破壊の理論**

電子的破壊理論：真性破壊理論、電子なだれ破壊理論

熱的破壊理論：定常熱破壊、インパルス熱破壊

電気機械的破壊理論

ツエナー破壊理論

自由体積理論

・**材料の劣化現象**

部分放電劣化：荷電粒子の衝撃穿孔作用、局部的温度上昇、ボイド放電、化学反応

水トリー劣化（水分と電界の相乗作用）

第4章では、各種絶縁体を複合した**複合絶縁体の放電現象**について説明しました。複合絶縁体とは、固体と気体、固体と液体、液体と気体など2種類以上の異なる絶縁体の組み合わせからなる絶縁体です。

・複合絶縁体内の**電界分布**：二層誘電体、固体絶縁体内のボイドなどの電界分布、三重点の電界強度（無限大）

・複合絶縁体の放電：**部分放電**、絶縁体内部の放電劣化

・**沿面放電**（複合絶縁体の境界の放電）：つばの設置、静電しゃへい

・**ボイド放電**：等価回路、放電電荷量、放電エネルギー

第5章では高電圧機器について高電圧の観点から概説しました。

・電力輸送（送電、配電、変電）における高電圧機器

：送配電機器、変電機器の種類

送配電機器：**架空送電線**、**電力ケーブル**、

管路気中送電線（GIL：gas insulated transmission line）

変電機器：**変圧器**、**ブッシング**、**遮断器**、**避雷器**、

ガス絶縁開閉装置（GIS：gas insulated switchgear）

・送電機器：**架空送電線**の概説

電力ケーブル：**ＯＦケーブル**、**ＣＶケーブル**

GIL（管路気中送電）

超電導ケーブル

・変電機器：**変圧器**（構造、定格、絶縁）、**ブッシング**の概説

遮断器：機構と動作、回復電圧、再起電圧、再発弧

種類：油遮断器、真空遮断器、空気遮断器、ガス遮断器

GIS：複合型（母線、遮断器、断路器、接地開閉器、変流器等）の変電機器

避雷器：**SiC**（炭化ケイ素）、**ZnO**（酸化亜鉛）

第６章では発変電機器や送配電機器の保守管理の観点から高電圧絶縁試験について説明しました。

・絶縁特性試験：**部分放電、誘電正接、直流漏れ電流**

・絶縁性能試験：絶縁抵抗試験（メガー試験）、直流漏れ電流試験および誘電吸収試験、誘電正接試験、部分放電試験、交流電流試験

・絶縁耐力試験：直流電圧、交流電圧およびインパルス電圧

・破壊試験：直流電圧、交流電圧、インパルス電圧

・絶縁劣化測定：劣化要因と劣化形態

部分放電法（電気的測定、音波測定、油中ガス分析法）

第７章では高電圧を応用した代表的な機器を紹介しました。

・放電の利用　：**電気集塵器、静電塗装、コピー機**

・高電界の利用：**電子顕微鏡**

粒子加速器（線形加速器、サイクロトロン、シンクロトロン）

付録では放電現象研究の歴史について記述しました。

第1章　気体放電現象

放電現象は、電極間に電圧を印加した時に電極間に無限大の電流が流れ絶縁が破壊する現象で、代表的な高電圧現象です。電極間の絶縁物が気体、液体、固体により、それぞれ気体放電、液体放電、固体放電に区別されます。第1章では気体の放電現象について説明します。

1.1　物質の構造と気体分子の性質

1.1.1　原子の構造

古典物理学のモデルによれば、物質を構成する原子は**原子核**と、原子核の周囲を周回している**電子**で構成されており、原子核は正電荷を有する**陽子**と、電気的に中性の**中性子**で構成されています。原子核を構成している**核子**（陽子と中性子）の数は原子によって異なりますが、核のまわりを周回している電子の数は陽子の数に等しく、原子は電気的に中性です。電子は原子核に束縛されていますが、外部エネルギーの作用をうけて原子から離れたり、余分な電子が核に付加して**イオン**となり安定化する場合があります。**図 1.1** は水素原子とヘリウム原子の構造を模式的に示したものです。

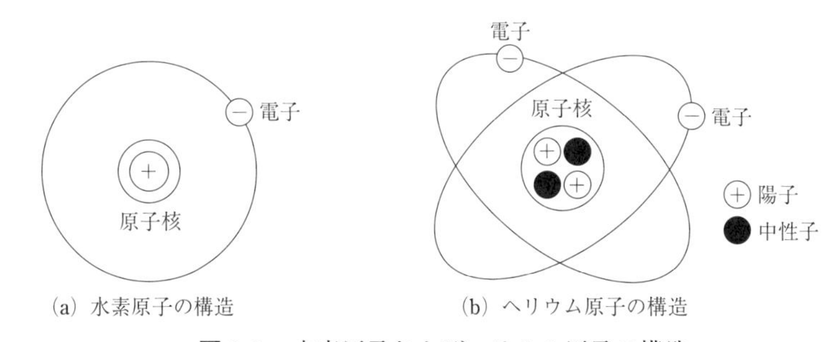

図 1.1　水素原子およびヘリウム原子の構造

（出典）関井康雄：電気材料, p.5, 図 2.1, 丸善出版, 2001

1.1.2　気体分子の構造

分子はいくつかの原子から構成されています。不活性気体のヘリウム、ネオン、アルゴンなどの分子はそれぞれの原子1個からなる単原子分子です。

水素、酸素などはそれぞれの原子2個から構成される二原子分子、水（水蒸気）は2個の水素原子と1個の酸素原子からなる三原子分子です。**図 1.2** はこれらの分子の構造をイラストで示したものです。

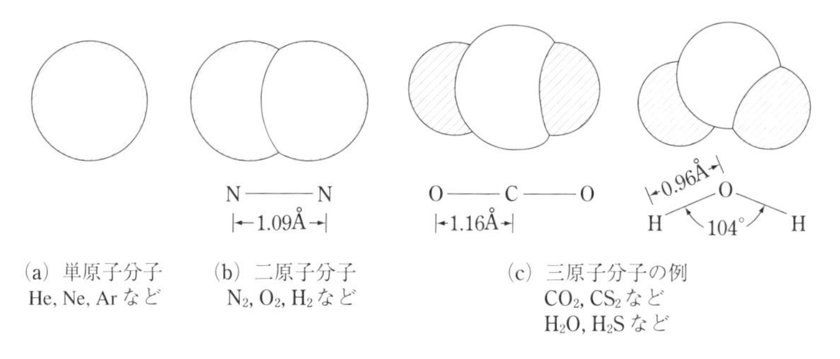

図 1.2　気体分子の模型

（出典）河野照哉：新版 高電圧工学, p.1, 図 1.1, 朝倉書店, 1994

分子の構造は分子の結合に拠（よ）っています。気体分子の構造は結合が共有結合の場合、結合にあずかる電子の配置にリンクしており、さまざまな分子の構造ができ上がっています。AX_n 型気体分子の構造は、AX 間の結合がすべて同等であれば、直線（$n=2$ の場合）、正三角形（$n=3$ の場合）、正四面体（$n=4$ の場合）、あるいは正八面体（$n=6$ の場合）の構造となります。結合が同等でない場合には中心原子Aと隣接原子Xは90°に近い折れ曲がりの構造となります。結合が完全な共有結合でなくイオン性を含む場合には、折れ曲がり角度は90°より大きくなります。

1.1.3　気体分子の性質

気体分子の性質は**気体分子運動論**によって説明されています。気体分子運動論によれば、分子の配列は無秩序で、空間を自由に飛び回っています。大気圧 1mol 中の分子数は気体の種類によらず一定で、その数密度は $6.023\times10^{23}/22.4\ \ell$（リットル）です。運動している気体分子の速度はランダムで、一定量の気体分子の速度の分布はマックスウェル分布に従うことが明らかにされています。**図 1.3** はマックスウェル分布を図示したものです。

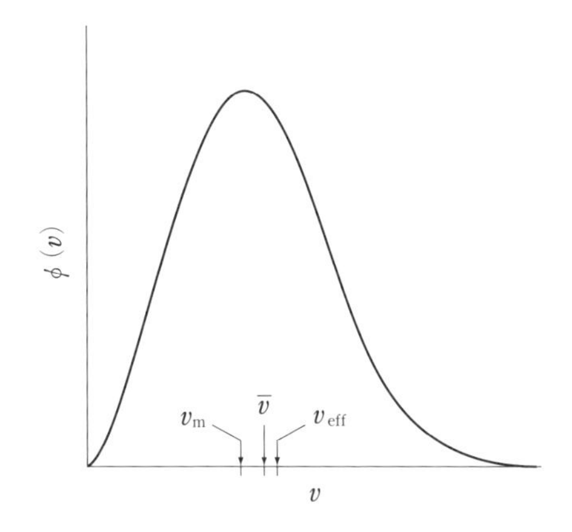

図 1.3　マックスウェルの速度分布曲線

（出典）電気学会編：電気工学ハンドブック第 6 版，p.88，図 1，電気学会，2001

分子の速度が v と $v+dv$ の間にある確率を表す式を $\phi(v)$ とすると、$\phi(v)$ はつぎの（1.1）式で表されます（m は分子の質量（g）です）。

$$\phi(v)=4\pi\left(\frac{m}{2\pi kT}\right)^{3/2}\exp\left(\frac{-mv^2}{2kT}\right) \tag{1.1}$$

分子の平均的な速さを表すものとして**平均速度**（$\bar{v}$）、**実効速度**（v_{eff}）、**最確速度**（v_m）があり、それらは**図 1.3** 中に示されていますが、いずれも、気体分子の質量 m、および温度 T と深いかかわりがあり、（1.2）式のように表されます。

$$\bar{v}=\sqrt{\frac{8kT}{\pi m}},\quad v_{eff}=\sqrt{\frac{3kT}{m}},\quad v_m=\sqrt{\frac{2kT}{m}} \tag{1.2}$$

表 1.1 は各種の気体についてそれぞれの分子の直径 d、最確速度 v_m、および、**平均自由行程** λ（運動している分子が平均として衝突しないで移動できる距離）を示したものです。

表 1.1　気体分子の最確速度 (v_m) と平均自由行程 (λ)

気体	分子の直径 d ($\times 10^{-6}$m)	最確速度 v_m (m/sec)	平均自由行程 λ ($\times 10^{-6}$m)
水素	0.274	1,499	11.1
ヘリウム	0.217	1,067	17.65
ネオン	0.259	474	12.52
窒素	0.375	403	5.95
酸素	0.361	377	6.44
アルゴン	0.364	338	6.3

1.2　気体の放電現象

1.2.1　気体の放電

気体分子は高電界下において、電界から加えられるエネルギーの作用によって、原子内の電子が電離して電子やイオンなどを生じ、その移動による電流が流れます。**図 1.4** が気体分子に電圧を加えたときの電圧電流特性です。

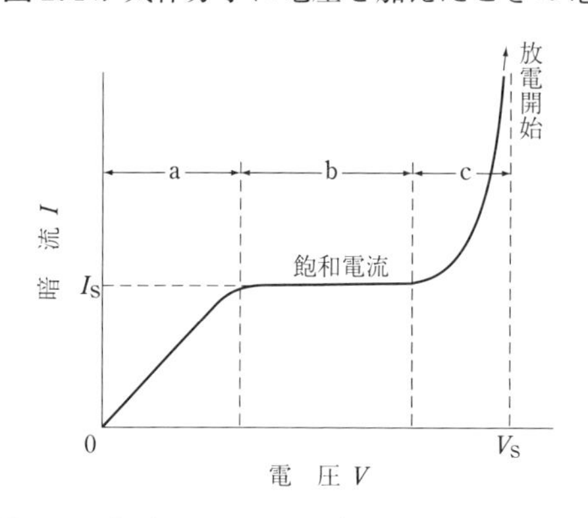

図 1.4　高電界下における気体の電気伝導現象

図 1.4 に示すように、電界が弱いときには 10^{-17}A 程度の微弱な電流が流れるだけですが、電圧（電界）上昇とともに電流は増加します。電界が加えられてから放電が発生するまでのプロセスを示せばつぎのようになり、高電界下における気体の電気伝導現象が極限に達した状態が放電現象です。

高電界印加 → 荷電粒子発生 → 荷電粒子の移動 → 荷電粒子の増倍→ 放電

放電の様相は電極間の電界分布によって異なります。平等電界中では放電を発生する電界に達するとただちに全路破壊に至りますが、不平等電界中では高電界部で生じる**コロナ放電**を経て**火花放電**に移行します。火花放電が永続的に継続すると、**グロー放電**、**アーク放電**などに移行します。グロー放電は圧力が小さく、回路条件により電流が制限されているときの定常放電で、発光強度は弱く電流は小です。これに対して、アーク放電は電極からの熱電子放出を伴い、電流の値も大きく高温で強い光を出します。電極がタングステン（W）や炭素（C）などの高融点材料の場合には、特に陰極の温度が高く、電流密度は $10^3 \sim 10^4$ A/cm^2 に達します。

1.2.2　高電界下における気体分子の挙動

1.2.2.1　荷電粒子の発生

放電が発生するには荷電粒子の生成が必要です。気体分子は中性ですが、電界、熱、放射線、光などの作用を受けると、気体分子を構成している原子の殻外電子が離脱する**電離**が起こります。電離を生じる電圧（エネルギーのレベル）が**電離電圧**です。電離により生じた電子が中性分子に付着した場合にはイオンとなります。電離により発生した電子やイオンは電界の作用で移動しますが、移動の過程でさらに新たな荷電粒子を生成します。なお、電離に至らない場合でも、電界などのエネルギーの作用により、原子の殻外電子がエネルギーの高い状態に遷移する場合があります。そのような状態が**励起**で、励起を生じる電圧を**励起電圧**、励起状態の分子を**励起分子**、励起状態を比較的長い間保っている分子を**準安定励起分子**といいます。励起電圧や電離電圧は物質によって異なります。例えば、水素（H）の励起電圧は 10.2 eV、電離電圧は 13.6 eV、カリウム（K）、セシウム（Cs）の電離電圧は、それぞれ 4.34 eV、3.89 eV です。**表 1.2** に主な物質の準安定励起電圧と電離電圧をエネルギーの単位 eV で表した結果を示します。

表 1.2　主な気体の励起電圧と電離電圧（eV）

気体	準安定励起電圧	第 1 電離電圧	第 2 電離電圧
He	19.8	24.6	54.4
Ne	16.6	21.6	41.4
Ar	11.6	15.8	27.6
H_2		15.6	
N_2		15.5	
O_2		12.2	
CO_2		14.4	
Na		5.1	47.3
K		5.3	31.8

（注）第 1 電離電圧：最も小さなエネルギーで電離する最外殻電子の電離電圧。
第 2 電離電圧：第 1 電離電圧の電離で生じた正イオンに、さらにエネルギーを与えた場合、残りの殻外電子が電離するその電圧。この電離により 2 価の正イオンが生じる。

1.2.2.2　電離の機構

電離の機構には ① 衝突電離、② 光電離、③ 熱電離などがあります。

衝突電離は中性分子、電子、イオンの衝突による電離で次のような粒子衝突により生じます。

（中性分子と電子の衝突、中性分子とイオンの衝突、中性分子同士の衝突、励起分子と電子の衝突、励起分子と中性分子の衝突、励起分子同士の衝突）

光電離は光エネルギーによる電離で、紫外線照射による電離が代表的な光電離です。

熱電離は高温下の分子の熱運動に伴う衝突電離です。(1.3) 式は気体の電離電圧 Vi〔eV〕の関数として表した**サハの熱電離の式**です。

$$\frac{n_i^2}{n_0} \fallingdotseq 4.82\times 10^{15}\cdot T^{3/2}\cdot \exp\left(\frac{-11600V_i}{T}\right) \tag{1.3}$$

ここで n_0 は温度 T における中性分子の密度、n_i は電離している分子の密度で、$n_i/(n_0+n_i)$ が電離度です。

1.2.2.3　荷電粒子の移動と消滅

荷電粒子は電界の方向に移動します。その平均速度が**ドリフト速度** v_d です。圧力一定の下では $v_d = \mu E$ と書くことができます。μ は電界下での荷電粒子の移動のしやすさを表す**移動度**です。イオンの移動度は 0.2 ～ 20 cm²/V·s です。電子の移動度はこれよりはるかに大きな値です。場所によって荷電粒子の密度が異なる場合には、粒子は密度の高いところから低いところへ移動します。これが荷電粒子の**拡散**です。拡散係数を D、粒子数を n とすると、つぎの（1.4）式が成立しています。

$$n = -D \cdot \left(\frac{\mathrm{d}x}{\mathrm{d}n} \right) \tag{1.4}$$

電界下で移動する荷電粒子は**電子付着**や**再結合**により消滅します。電子付着は中性分子が電子を付着して負イオンとなる現象です。中性分子に電子が付着して負イオンになると、電界によって加速されにくくなり、衝突電離が行われなくなります。ハロゲン気体などのように、電子付着が起きやすい気体は、**電気的負性気体**と呼ばれており、放電を発生しにくい気体として知られています。荷電粒子が合体して再び中性の粒子（原子、分子）を作るプロセスが**再結合**です。再結合にはつぎのようなプロセスがあります。

放射再結合：再結合により、$h\nu$ のエネルギーを持つ光子を放出します。h はプランクの定数（$h = 6.62606896 \times 10^{-34}$ J·s）です。

解離再結合：再結合にしたときのエネルギーの一部が分子の解離に使われます。

1.3 放電の発生

1.3.1 衝突電離による電子の増倍

電離によって生じた電子は電界に加速されて陽極に向かう途中で、中性分子に衝突すると新たな電離を生じます。これが**衝突電離**です。衝突電離の繰り返しにより、電子は次第に数を増してゆきます。**図 1.5** は衝突電離の繰り返しによって電子の数が増加してゆく状況を示す図です。

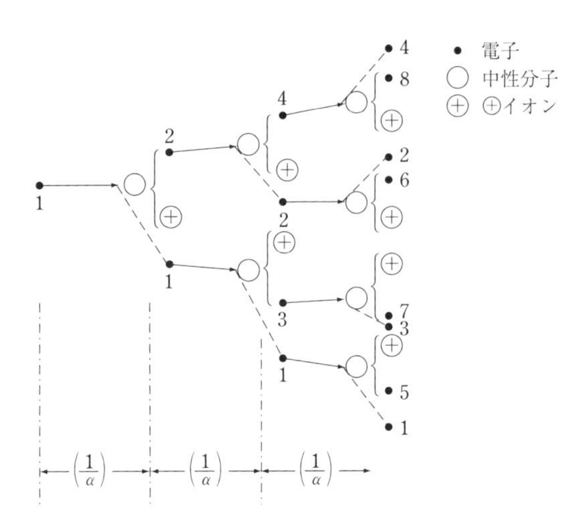

図 1.5　衝突電離による電子の増倍

（出典）三好保憲：「コロナ放電の機構について」，静電気学会誌，Vol.1（1），p.54，図 4，1997

衝突電離がつぎつぎに行われると電子の数はなだれ的に増し、陽極に達するときには大きな数に達します。衝突電離によって電子が増倍する度合を表す係数が**衝突電離係数** α です。α は電子が電界方向に 1cm 進む間に行われる電離の回数で、気体の種類によって異なり、気体の密度、気圧 p、電界強度 E などにによって変化することが知られています。タウンゼントは気体の圧力を p、電界を E とすると α/p と E/p の間につぎの関係が成り立つことを実験的に見出しました。

$$\frac{\alpha}{p}=\mathrm{A}\cdot\exp\left\{-\mathrm{B}\cdot\left(\frac{p}{E}\right)\right\} \tag{1.5}$$

（1.5）式に表れる $\left(\frac{\alpha}{p}\right)$ は**相対電離係数**、$\left(\frac{E}{p}\right)$ は**相対電界強度**と定義されています。**表 1.3** は（1.5）式中の A、B の値とその適用範囲で、**図 1.6** はこれを図示したものです。

表 1.3　各気体の定数 A、B の値

気体	A	B	E/p の適用範囲 (V/cm·mmHg)	気体	A	B	E/p の適用範囲 (V/cm·mmHg)
空気	14.6	365	150－600	H_2O	12.9	289	150－1000
N_2	12.4	342	150－600	A	13.6	235	100－600
H_2	5.0	130	150－400	He	2.8	34	20－150
CO_2	20.0	466	500－1000				

（出典）鳳 誠三郎，関口忠，河野照哉：電離気体論，p88，第 3.1 表，電気学会，1969

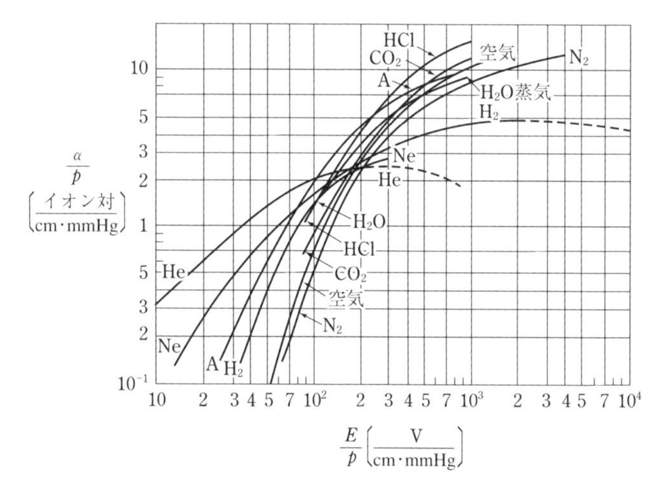

図 1.6　$\frac{\alpha}{p}$ と $\frac{E}{p}$ の関係

（出典）鳳誠三郎，関口忠，河野照哉：電離気体論，p.88，3.4 図，電気学会，1969

1.3.2　タウンゼントの理論

タウンゼントの理論は気体放電の発生機構を説明する代表的な理論で、電子の衝突電離作用（**α 作用**）と、衝突励起や再結合によって生じる光や、準安定励起原子が陰極に当たって光電子を放出する **2 次電子放出作用**（**γ 作用**）を考慮して導かれた理論です。

放電空間にある 1 個の電子が 1 cm 進む間に生じる衝突電離の回数（衝突電離係数）を α、電子が dx 進む間に増加する電子の数を dn_x とすると、dn_x は（1.6）式で与えられるので、これを積分して（1.7）式が得られます。

$$dn_x = n_x \alpha dx \tag{1.6}$$

$$n_x = e^{\alpha x} \tag{1.7}$$

光や、準安定励起原子が陰極に当たったときに放出される二次電子の数は、電離によって生じた正イオン数に比例すると考えられますので、正イオン1個が陰極に衝突した場合に放出される電子数をγとすると、n_0個の初期電子が衝突電離を行いながら電極間dを移行する間に生じる正イオン数は$(e^{\alpha d}-1)$となります。この正イオンが陰極に衝突した場合に放出される電子（光電子）の数は$n_1 = n_0\gamma(e^{\alpha d}-1)$となります。放出2次電子の数は正イオンの数に比例すると考えられ、比例定数をγ（陰極に衝突する正イオン1個当たり放出される電子数）とすると、

第1世代の光電子数：$n_0\gamma(e^{\alpha d}-1)$

第2世代の光電子数：$n_0\gamma^2(e^{\alpha d}-1)^2$

第3世代の光電子数：$n_0\gamma^3(e^{\alpha d}-1)^3$

となります。**図1.7**はこのようにして電子の数が増加する状況を表す図です。

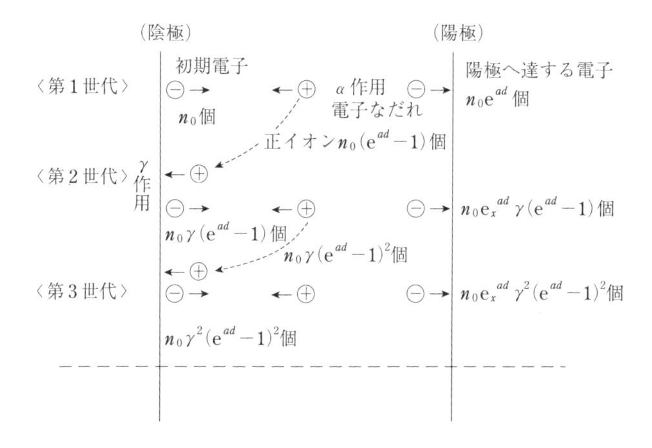

図1.7　タウンゼントの理論の説明図

（出典）河野照哉：新版 高電圧工学, p.18, 図2.4, 朝倉書店, 1994

結局、衝突電離の繰り返しによって生じる電子の総数nはつぎの（1.8）式となります。

$$n = n_0 e^{\alpha d}\{1+\gamma(e^{\alpha d}-1)+\gamma^2(e^{\alpha d}-1)^2+\cdots\}$$

$$= \frac{n_0 e^{\alpha d}}{\{1-\gamma(e^{\alpha d}-1)\}} \tag{1.8}$$

ただし、$1>\gamma(e^{\alpha d}-1)$

これによって流れる電流はつぎの（1.9）式となります。式中の I_0 は初期電流、d は電極間距離です。

$$I = \frac{e^{\alpha d} I_0}{\{1-\gamma(e^{\alpha d}-1)\}} \tag{1.9}$$

放電自続の条件は I が ∞ となる条件なので、放電自続の条件の式として、つぎの(1.10)式が得られます。これが**タウンゼントの放電自続条件の式**です。

$$\gamma(e^{\alpha d}-1)=1 \tag{1.10}$$

1.3.3 ストリーマ理論

大気圧の空気中で高電圧を急に印加した場合、極めて短い時間（～ 10^{-8} 秒程度）のうちに放電が生じます。これは何世代にもわたる電離過程を前提とするタウンゼントの理論では説明できません。ミークはこのような場合には電子なだれが発展し、ある条件が満たされると導電性の強い放電路である**ストリーマ**が形成されるという理論を提唱し、過電圧を印加したときの放電を説明しました。これが**ミークのストリーマ理論**です。**図 1.8** はストリーマが形成される状況を示す図です。

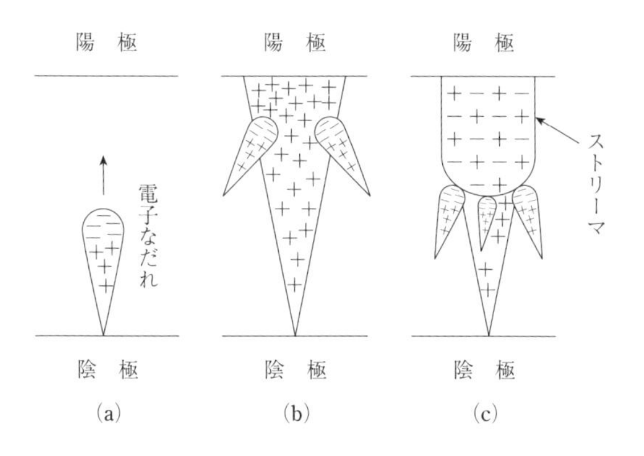

図 1.8　電子なだれからストリーマへの転換

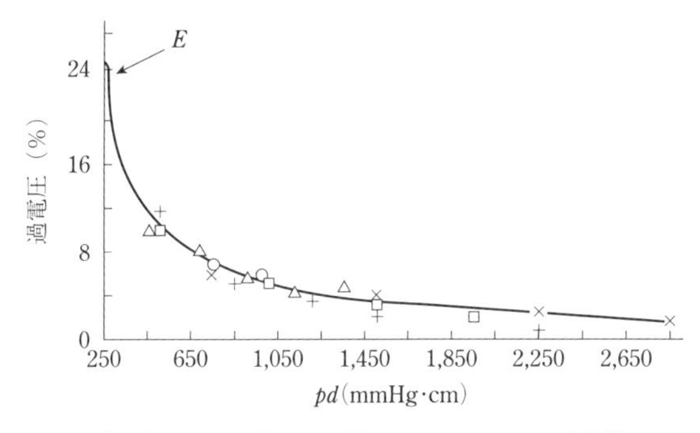

図 1.9　タウンゼント放電からストリーマへの転換
(出典) J. M. Meek, 堀井訳：「長ギャップの火花破壊」, 電学誌, Vol. 91, No.1, p.1-6, 第 4 図, 1971

自続放電の開始を説明する理論としてタウンゼントの理論とミークのストリーマ理論がありますが、**図 1.9** はこの二つの理論が成立する領域を表した図です。図の縦軸は放電が開始する最低の電圧に対して何％過大な電圧であるかを示しています。$p \times d$ が小さい領域では何世代もの電離過程を伴うタウンゼントの理論が適用されますが、過電圧率が大きい場合には第一世代の電子増倍過程でストリーマが形成されると考えられます。ミークの理論では 32 kV/mm の電界がストリーマ進展に必要とされています。

1.4　火花放電とパッシェンの法則

1.4.1　コロナ放電と火花放電

棒対平板電極のように電界が不平等で、高電圧が加えられたときに局部的に高電界部が形成される電極付近ではその部分で自続放電の要件が満たされ、ある電圧に達すると発光を伴った放電が発生します。このような放電が**コロナ放電**です。コロナ放電は電極間の一部分で生じる**部分放電**の一形態です。**図 1.10** は様々なタイプのコロナ放電を表すイラストです。

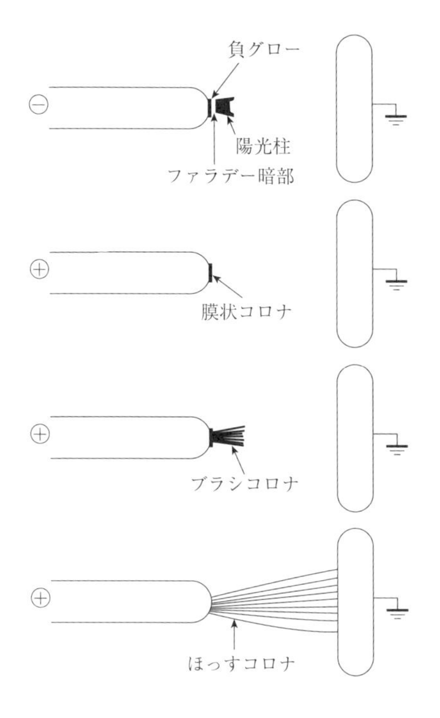

図 1.10　様々なタイプのコロナ放電

（出典）河野照哉：新版 高電圧工学，p.53, 図 2.35，朝倉書店，1994

コロナ放電が発生した後、さらに電圧を上昇させると、やがて電極間を橋絡する放電が発生します。これが**火花放電**です。火花放電はそれだけで終わる場合もありますが、定常放電のグロー放電やアーク放電に移行する場合もあります。

1.4.2　パッシェンの法則

パッシェンの法則は1889年にパッシェンにより実験的に明らかにされた法則で、「平等電界における気体の火花電圧 V_s は、その気体の圧力 p とギャップ長 d の積 $p \times d$ のみの関数、すなわち $V_s=f(pd)$、である」という内容です。この法則は高真空、高ガス圧、長ギャップを除いて成立する法則です。横軸に $p \times d$、縦軸に V_s をとって示した曲線を「**パッシェン曲線**」といいます。**図 1.11** は種々の気体のパッシェン曲線です。図に示すように、パッシェン曲線は（$p \times d$）のある値において V_s の値が最小値をとります。この最小値が**パッシェンミニマム**です。**表 1.4** は各種気体のパッシェンミニマムの値です。表に示した電圧値以下の電圧では放電は発生しません。

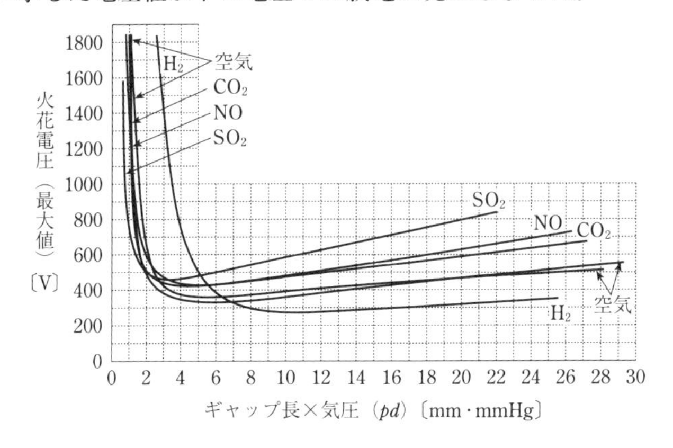

図 1.11　パッシェン曲線

（出典）鳳誠三郎，河野照哉，関口忠：電離気体論，p.94，3.6 図，電気学会，1969

表 1.4　各種気体の最小火花電圧

気体	$(V_s)_{min}$ (V)	$(pd)_{min}$ Torr・cm	気 体	$(V_s)_{min}$ (V)	$(pd)_{min}$ Torr・cm
空気	352	0.55	SF_6	507	0.26
N_2	240	0.65	CO_2	420	0.57
H_2	230	1.05	Ne	245	4.0
O_2	450	0.7	He	155	4.0

（出典）電気学会放電ハンドブック出版委員会編：放電ハンドブック上巻，p129，表 4，電気学会，1998

1.4.3　パッシェンの法則の導出

タウンゼントの理論によって得られた放電自続の条件は前出の（1.10）式で与えられますが、（1.10）式を書きなおすとつぎの（1.11）式となります。

$$\alpha d = \ln\left(1 + \frac{1}{\gamma}\right) \tag{1.11}$$

いま、平行平板電極の平等電界を考え、空気中の火花電圧を V_s とし、これに対応する電界を E とすると、$E = \dfrac{V_s}{d}$ です。一方、衝突電離係数 α は前出の（1.5）式を通じて、気体の圧力p、電界強度Eと結びついています。（1.11）式と（1.5）式より次の（1.12）式が得られます。

$$\mathrm{A}\cdot p\cdot \exp\left\{\frac{-(\mathrm{B}pd)}{V_{\mathrm{s}}}\right\}=\left(\frac{1}{d}\right)\cdot \ln\left(1+\frac{1}{\gamma}\right) \tag{1.12}$$

これより、つぎの（1.13）式が得られます。（1.13）式は火花電圧V_{s}が気体の圧力pとギャップ間隔dの積（$p\times d$）のみの関数であることを示す式です。

$$V_{\mathrm{s}}=\frac{\mathrm{B}\times pd}{\ln\left\{\frac{\mathrm{A}\times pd}{\ln\left(1+\frac{1}{\gamma}\right)}\right\}}$$

$$=\frac{\mathrm{B}\times pd}{\{\mathrm{const}+\ln(pd)\}}=\mathrm{F}(pd) \tag{1.13}$$

（注）パッシェンの法則は19世紀の終わりにパッシェンにより実験的に見出された法則ですが、その後の研究によってこの法則が（$p\times d$）のどのような範囲で成り立つかが検討されています。詳細は原・酒井著『気体放電論』（朝倉書店、2011年）に詳しく述べられているので参照してください。

1.4.4 空気の火花電圧

空気は自然界に存在する優れた気体で、古くから絶縁材料として利用されてきました。絶縁材料として利用する場合の重要な特性が放電開始電圧です。空気について代表的な電極配置の火花放電開始電圧が実験により求められてきました。

1.4.4.1 平行板電極

平行板電極は平等電界、すなわち、均一な電界をつくるのに最も適した電極です。平行板電極の電極中心部付近はほぼ完全な平等電界となりますが、電極端部では電界が集中するため、電圧の上昇ともに端部において放電が発生してしまいます。この端部の電界集中を緩和するために作られた電極が**ロゴスキー電極**です。**図1.12**はロゴスキー電極を製作に便利なように単純化した**近似ロゴスキー電極**の断面形状です。

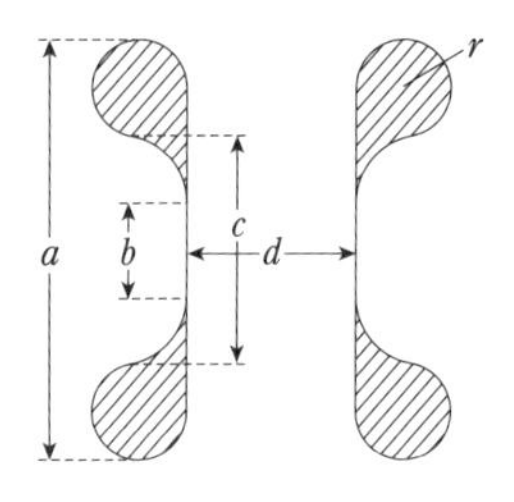

図 1.12　近似ロゴスキー電極の断面（$a=4.3d_m$, $b=2.5d_m$, $c=3d_m$, $r=0.5d_m$, d_m は d の最大値）

（出典）鳳 誠三郎, 関口忠, 河野照哉：電離気体論, p.115, 3.20 図, 電気学会, 1969

図 1.13 は平行板電極の火花電圧が（$p \times d$）（p：気圧、d：電極間隙長）とともに変化する様相を示したものです。d >2 cm では空気の火花電圧を生じる電界強度はほぼ 30 kV/cm です。平等電界における空気の火花放電開始電圧は実験式 (1.14) で与えられます。

$$X_s = 23.85\delta d\left(\frac{1+0.329}{\sqrt{\delta d}}\right)〔\text{kV}〕 \tag{1.14}$$

(1.14) 式中の d〔cm〕は電極間隙長、δ は**相対空気密度**です。気圧 p〔hPa〕、温度 t〔℃〕とすると、δ は（1.15）式で与えられます。

$$\delta = \frac{0.289p}{(273+t)} \tag{1.15}$$

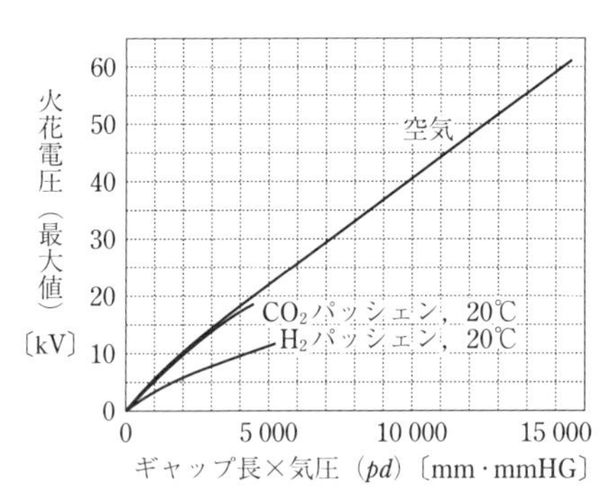

図 1.13　平行板電極の火花電圧

（出典）鳳 誠三郎, 関口忠, 河野照哉：電離気体論, p116, 3.21 図, 電気学会, 1969

1.4.4.2　球ギャップ（準平等電界）

球ギャップは**図 1.14** のように直径の等しい球電極を対峙させたもので、ギャップ間隙 S が球の直径 ϕ に比べて小さければほぼ平等電界とみなすことができ、高電圧測定の標準として利用されており、δ（相対空気密度）$=1$、h（絶対湿度）$=11$ g/m^3 の時の火花電圧は表になっています。

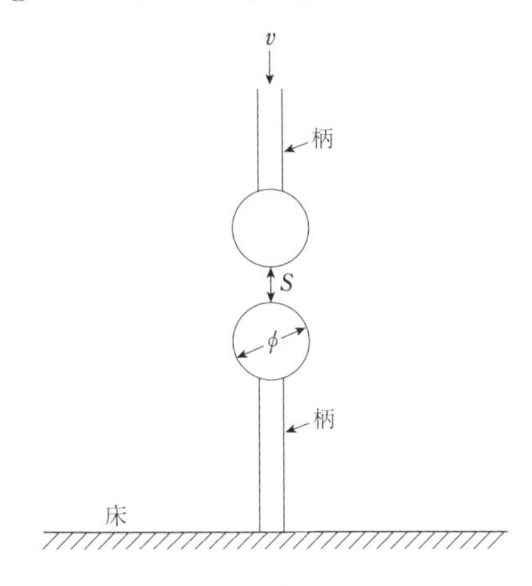

図 1.14　球ギャップ

球ギャップは球の半径 r と両球間の距離 S の大きさによって電界の不平等性が異なります。球ギャップの火花電界 E_S〔kV/cm〕については（1.16）式で与えられる Peek の実験式があります。

$$E_S = 27.9 \times \delta \left\{ 1 + \left(\frac{0.533}{\sqrt{\delta r}} \right) \right\} \cdot \left(\frac{S}{f} \right) \tag{1.16}$$

（1.14）式中の δ は相対空気密度、r は球の半径（cm)、S は両球間の距離、f は電界集中係数です。電界集中係数 f は電界利用率 η の逆数です $\left(f = \frac{1}{\eta} \right)$。**表 1.5** はこれを表で示したもので、Peek が実験で求めたものと、宅間氏が計算で得たものを対比して示しています。

表 1.5　電界集中係数 f の値（一球を接地した球ギャップ）

$\frac{S}{r}$	実測値 (Peek)（出典①）	計算値（宅間氏）	
		f（$=1/\eta$）	η（出典②）
0.1	1.03	1.024	0.9675
0.2	1.06	1.068	0.9361
0.4	1.14	1.150	0.8697
0.6	1.22	1.254	0.7976
0.8	1.31	1.378	0.7258
1.0	1.41	1.517	0.6592

（出典）①宅間薫，柳父悟：高電圧大電流工学，電気学会，1988

② F. W. Peek : Dielectric Phenomena in High Voltage Engineering（Mac Graw Hill, 1915）

< 参考 >

電界利用率 η は最大電界に対する平均電界の比で $\eta=$（平均電界）/（最大電界）で定義されています。平等電界では $\eta=1$、不平等電界では $\eta<1$ です。

1.4.4.3　同軸円筒

同軸円筒では外部円筒導体の半径 R と内部円筒導体の半径 r の比 $\frac{R}{r}$ が 1 に近い場合には平等電界に近く、$\frac{R}{r}$ が大きくなるにつれて不平等性が増し、内部円筒電極上でコロナ放電を生じます。その際、内部導体表面のコロナ開始電界 E は次の実験式で与えられます。

$$E=31.0\delta\left\{\frac{1+0.301}{(\sqrt{\delta r})}\right\}\ \text{〔kV/cm〕} \qquad (1.17)$$

ちなみに、同軸円筒電極では、平均電界は $E_{\mathrm{av}}=\frac{V}{(R-r)}$、最大電界は $E_{\max}=\frac{V}{\left\{r\cdot\ln\left(\frac{R}{r}\right)\right\}}$ ですので、電界利用率 η は

$$\eta=\frac{E_{\mathrm{av}}}{E_{\max}}=\frac{r\ln\left(\frac{R}{r}\right)}{(R-r)}=\frac{\ln\left(\frac{R}{r}\right)}{\left(\frac{R}{r}-1\right)}$$ となります。

1.4.4.4　針平板電極と棒平板電極

棒、針ギャップは不平等性が大きく、棒電極、および針電極上でコロナ

放電が発生します。その場合の火花電圧には極性効果が表れ、棒（針）電極が正極性の場合は負極性の場合のほぼ $\frac{1}{2}$ の電圧で火花放電が生じます。ギャップ長の大きい場合の放電電界は約 5 kV/cm です。

1.5　電気的負性気体の放電

1.5.1　電気的負性気体

電気的負性気体はハロゲン、SF_6、フレオンなどのように衝突電離で生じた電子を付着する作用の大きい（電子付着係数 η が大きい）気体です。電気的負性気体は衝突電離で生じた電子が付着して負イオンになり、自由電子を減少させるので火花電圧が高くなります。電子付着の程度は**電子付着係数 η** で表されます。電子付着係数 η は、電子が電界と逆方向に加速され単位の距離を進むとき、電子付着によって負イオンが生じる回数と定義されています。

1.5.2　放電自続条件

電気的負性ガスの電子付着係数を η とすると、実効的な衝突電離係数は $(\alpha-\eta)$ となります。したがって、陰極から出た電子 1 個が陽極に到達するまでに生じる陽イオン数を N とすると、

$$N=\int_0^d \alpha\exp\{(\alpha-\eta)x\}\mathrm{d}x=\frac{\alpha}{(\alpha-\eta)}[\exp\{(\alpha-\eta)d\}-1] \tag{1.18}$$

となります。前出の（1.10）式との対比から明らかなように、放電の自続条件は $\gamma\cdot N=1$ ですので、

$$\left\{\frac{\gamma\alpha}{(\alpha-\eta)}\right\}[\exp\{(\alpha-\eta)d\}-1]=1 \tag{1.19}$$

となります。電子付着係数 $\eta=0$ の場合には、

$$\gamma(\exp(\alpha d)-1)=1 \tag{1.20}$$

となり（1.10）式と同じ式が得られます。

1.5.3　電気的負性気体の絶縁耐力

図 1.15 は電気的負性気体を含む各種気体の絶縁耐力を比較したものです。

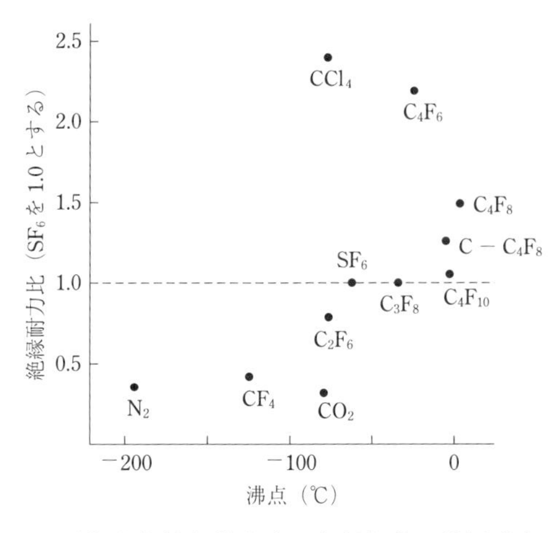

図 1.15　電気的負性気体を含む各種気体の絶縁耐力の比較

縦軸は SF_6 の絶縁耐力を 1.0 として相対値で表しています。図の横軸は各気体の沸点を示しています。**図 1.15** より電気的負性気体は相対的に高い絶縁耐力を有していることが分かります。

1.5.4　SF_6

1.5.4.1　SF_6 の構造と物理・化学特性

SF_6 はフッ素（F）と硫黄（S）の反応により得られる化合物で、**図 1.16** に示すように、分子構造は硫黄原子 S を中央にした 8 面体構造で、頂点に 6 個のフッ素原子 F が位置し、硫黄原子 S とフッ素原子 F は共有結合で結ばれています。

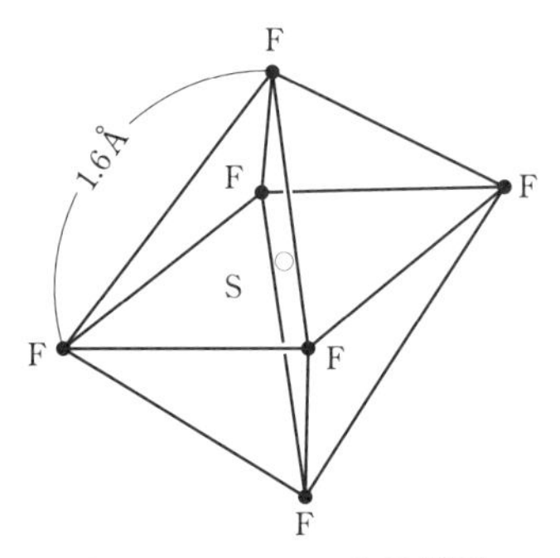

図 1.16　SF_6 の分子構造

SF_6は化学的に安定で、無色・無臭・無毒・不燃性で熱安定性にもよく、高電圧下における絶縁耐力が空気の約3倍、アークに対する消弧性は空気の100倍と優れています。このように、優れた電気絶縁特性を有するSF_6はガス遮断器、ガス絶縁開閉装置、コンデンサなどの高電圧機器の絶縁材料として広く利用されています。**表1.6**がSF_6の主な物理特性です。

表1.6　SF_6の主な物理特性

分子量	密度（大気圧、20℃）	融点(0.112MPa)	臨界温度（℃）	臨界圧力（MPa）	臨界密度（kg/m^3）	比熱（大気圧、30℃）(J/kg·K)
146.06	6.14(g/l)	−50.8℃	45.6℃	3.77	725	6.49×10^2
熱容量（大気圧、30℃）(J/kg·mol·K)	熱伝導率 大気圧、30℃）(W/m·K)	飽和蒸気圧（MPa）				
		−40℃	−20℃	0℃	20℃	40℃
9.47×10^4	1.4×10^{-2}	0.361	0.725	1.32	2.21	3.47

（出典）電気学会編：電気工学ハンドブック第7版, p.210, 表5-3-3, オーム社, 2013

1.5.4.2　SF_6の放電機構

SF_6は高電界下において**表1.7**に示すような様々なプロセスで初期電子を生じます。衝突電離と電子付着で電子、負イオンを生じるプロセスを示せば次のようになります。

<衝突電離>・$SF_6 + e \rightarrow SF_5^+ + F + 2e$

<電子付着>・中性分子への直接の電子付着：$SF_6 + e \rightarrow SF_6^-$

・分解分子成分への電子付着：$SF_6 + e \rightarrow SF_5 + F^-$

表 1.7　初期電子の生成機構

電子の生成機構	生成箇所	電子生成を支配する因子
負イオンからの電子離脱	ガス中	ギャップ中の負イオン数、電離源の有無・強さ
電界放出	陰極	陰極材料、陰極表面電界、陰極表面の粗さ・状態
自然電離	ガス中	宇宙線の強度、自然放射能の大小
光電子放出	陰極	電極材料、紫外線源の強さ
正イオンによる二次電子放出	陰極	ギャップ中の正イオン数、陰極表面電界
エキソ電子放出	陰極	陰極面光強度・波長、電極材料・表面粗さ

（電気学会放電ハンドブック出版委員会編『放電ハンドブック上巻』（1989）p.266 の 表 1 に依拠）

図 1.17 は換算電界$\left(\frac{E}{p}\right)$と換算実効電離係数$\frac{(\alpha-\eta)}{p}$の関係を表す図です。図から明らかなように、空気と SF_6 では特性が大きく異なり、実効電離係数$(\alpha-\eta)$が 0 となる臨界換算電界$\left(\frac{E}{p}\right)_{臨界}$は空気の臨界換算電界（～ 239〔kV/cm･MPa〕）に比べて 878〔kV/cm･MPa〕とはるかに高く、放電が起きにくいことが分かります。しかしながら、**図 1.17** に表れているように、SF_6 は$\left(\frac{E}{p}\right)$の変化に対する$\frac{(\alpha-\eta)}{p}$の変化の勾配が急で、欠陥が存在する場合には欠陥の近傍で$\left(\frac{E}{p}\right)>\left(\frac{E}{p}\right)_{臨界}$となる領域が生じやすく、そこで強い電離作用を生じます。

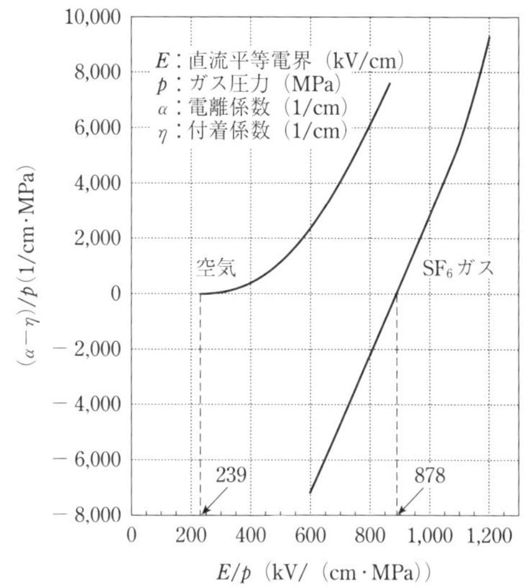

図 1.17 SF_6 と空気の実効電離係数

（出典）電気学会編：電気工学ハンドブック第 7 版，p.585，図 11-2-14，オーム社，2014

1.5.4.3 SF_6 の放電特性

図 1.18 は SF_6 のパッシェン曲線です。平等電界におけるスパークオーバ電圧 V_s に関する実験式（1.21）が得られています。p は圧力（atm.）、d はギャップ長（cm）です。

$$V_s〔\mathrm{kV}〕=0.376+89.6pd \tag{1.21}$$

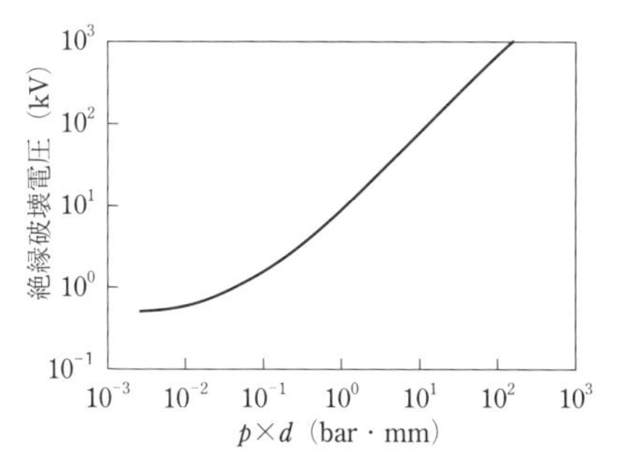

図 1.18 SF_6 のパッシェン曲線

カナダのウィンザー大学で SF_6 の放電に関する研究を行っていた Malik 氏は 1978 年に SF_6 の放電に関する詳しい論文を発表しています。その論文の中で SF_6 の放電に影響を及ぼす要因として、電極材料や電極の表面状態、SF_6 中の異物などを挙げ、その影響について説明しています。SF_6 中の金属異物は不平等電界を形成する要因となりますが、不平等電界が形成されると、その箇所で部分放電が発生し、部分放電のコロナ安定化作用がはたらいて絶縁破壊電圧がかえって上昇します。ただし、ガス圧力の高い領域では、部分放電の発生がただちにスパークオーバにつながるため、電界緩和効果によって破壊電圧が上昇する現象は現れません。**図 1.19** はギャップ長 10 mm の針平板電極下における SF_6 ガスの圧力と交流破壊電圧の関係を調べ N_2 および CO_2 の結果と比較したグラフですが、SF_6 の特性の特徴がよく表れていることが分かります。

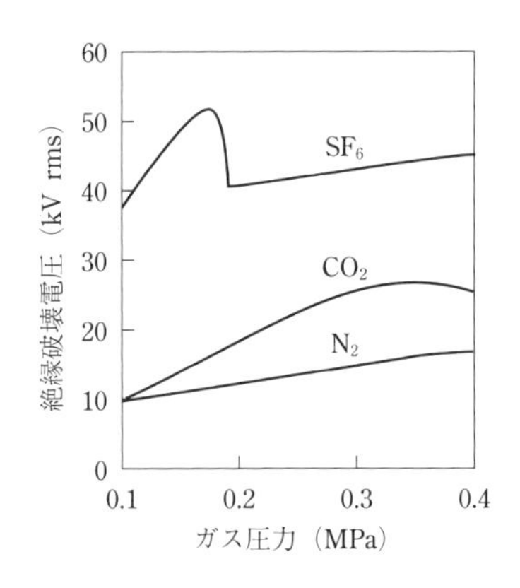

図 1.19　不平等電界下の SF_6 と N_2 のスパークオーバ特性

1.6　混合気体の放電

二種類あるいはそれ以上の気体をある混合比で混合したものが**混合気体**です。二種類の気体を混合した場合、混合比に応じて両者の中間の性質が表れます。空気は N_2 と O_2 の混合気体で、**図 1.20** に示すように、N_2 に O_2 をわずかな量混合させることにより火花電圧が大きく上昇しますが、さらに O_2 の組成比が増しても火花電圧があまり変化しないことが知られています。

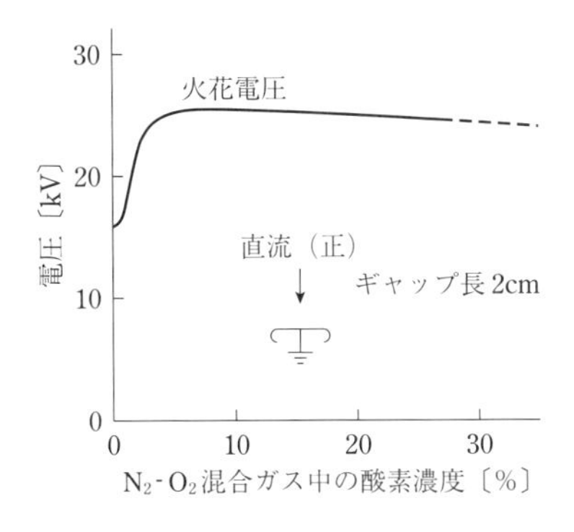

図 1.20　N_2 と O_2 の混合ガスの火花電圧

（出典）河野照哉：新版 高電圧工学，p.46，図 2.30，朝倉書店，1994

1.6.1　混合気体の放電の理論

宅間氏はつぎのような仮定を基に混合気体の絶縁破壊電圧を与える実験式を導いています。

①成分気体の実効電離係数 $\dfrac{\bar{\alpha}}{p}=\dfrac{(\alpha-\eta)}{p}$ はつぎのような一次関数で与えられる。

$$\left(\frac{\bar{\alpha}}{p}\right)=\mathrm{A}\left(\frac{E}{p}\right)+\mathrm{B}$$

②混合気体の実効電離係数はそれぞれの成分気体の分圧比分の和である。

③絶縁破壊の条件 $\int_0^d(\alpha-\eta)\mathrm{d}x=K$ において K は気体の種類によらない。

（1.22）式が宅間氏によって導かれた混合気体の放電電圧 V_m を求める式です。

$$V_\mathrm{m}=V_2+\left[\frac{k}{\{k+\mathrm{C}(1-k)\}}\right]\times(V_1-V_2) \tag{1.22}$$

ここで、V_1、V_2 は成分気体 1、2 の放電電圧、V_m は混合気体の放電電圧、k は成分気体 1 の全圧に対する分圧比、$C=\left(\dfrac{A_2}{A_1}\right)$（$A_1$、$A_2$ は成分気体 1、および 2 に対する A の値）です。**図 1.21** は SF_6 と N_2 の混合気体の破壊電圧の計算値（実線）を実測値と比較した結果ですが、計算値が実測結果によく一致しています。

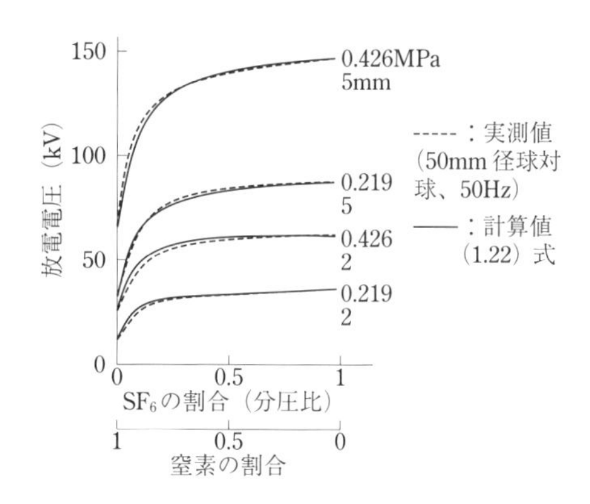

図 1.21　混合気体（SF_6 と N_2）の破壊電圧の実測値と計算値の比較

（出典）宅間，柳父：高電圧大電流工学，p62，図 4.13，電気学会，1988

1.6.2　SF_6 と N_2 の混合気体の放電

2003 年にとりまとめられた京都議定書において、SF_6 は温室効果係数の大きな温室効果ガスとして地球温暖化を防止するための排出削減対象ガスに指定されました。**表 1.8** は京都議定書で排出量削減の対象とされた温室効果ガスの温室効果係数です。

表 1.8　排出量制限が定められた温室効果ガスの温室係数

気体	温室効果係数	気体	温室効果係数	気体	温室効果係数
CO_2	1	CF_4	6,500	CHF_3	11,700
CH_4	21	C_2F_6	9,200	CH_2F_2	650
N_2O	310	C_3F_8	7,000	CH_3F	150
SF_6	23,900	C_4F_8	8,700		

地球温暖化を防ぐ対策は地球環境を保全するうえで重要で、SF_6 に代わり得る絶縁気体を探す研究や、SF_6 の使用量を削減するための混合気体の研究が進められています。**図 1.22** は、同心円筒構造の電極配置で SF_6 と N_2 の混合気体について、混合比を変化させたときの交流絶縁破壊電圧と雷インパルス絶縁破壊電圧に関するデータです。SF_6 の混合比率の増大とともに交流破壊電圧、雷インパルス破壊電圧のいずれも大きく上昇することが分かります。また、**図 1.23** は同じ同心円筒構造の電極で、SF_6 と N_2 の混合気体の混

合比率と圧力を変化させた場合の正極性の直流破壊電圧です。SF_6 の混合混合比率の増加に伴い SF_6 の本来の特性に近づいていることが分かります。

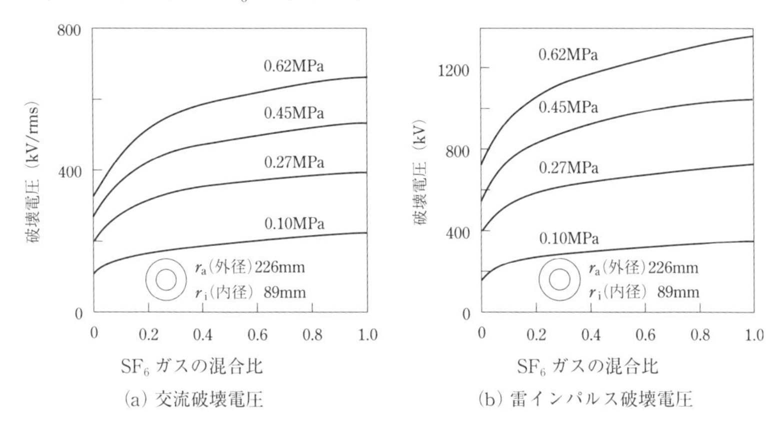

図 1.22 同心円筒電極下における SF_6/N_2 混合気体の絶縁破壊特性
（電気学会技術報告 No.841「SF_6 の地球環境負荷と SF_6 混合・代替ガス絶縁」に掲載されている図 3.11，図 3.12 を基に作成）

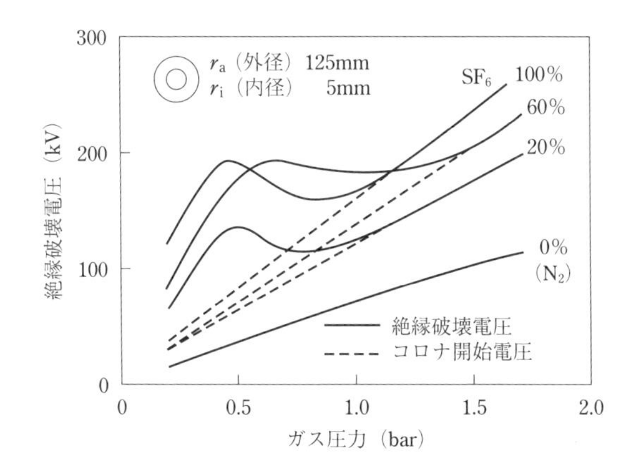

図 1.23 同心円筒電極下における SF_6/N_2 混合気体の正極性直流絶縁破壊特性
（電気学会放電ハンドブック出版委員会編『放電ハンドブック上巻』(1989) p.289 の図 5 を基に作成）

図 1.19 で説明したように、不平等電界下では圧力の低い SF_6 中で「コロナ安定化作用」により放電電圧が上昇しますが、SF_6 と N_2 の混合気体にお

いても、SF_6の混合比率の大きい場合にはその傾向が表れます。**図 1.24** は電界の不平等性の大きい針平板電極下においてSF_6とN_2の混合気体の交流破壊電圧を調べた結果です。SF_6の混合比率の減少とともにコロナ安定化の表れる領域が高圧力側にシフトし、$N_2$100%の場合に消失していることがよくわかります。

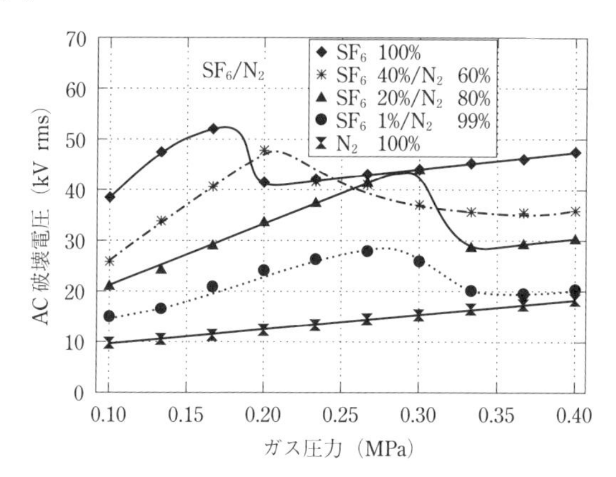

図 1.24　針平板電極下におけるSF_6/N_2混合気体の交流絶縁破壊電圧
（出典）電気学会技術報告 No.841「SF_6の地球環境負荷とSF_6混合・代替ガス絶縁」，p22，図 3.27，電気学会，2001

1.7　高圧力気体中の放電

平等電界下の火花電圧は高圧力下でもパッシェンの法則に従い、圧力の上昇とともに上昇しますが、圧力が 20 気圧前後になるとパッシェンの法則から外れ、パッシェンの法則から予想される電圧よりも低くなり、飽和の傾向を示します。**図 1.25（a）**に示すように、その度合いは電極間距離に依存し、電極間距離が大きくなるほど低下度合いが増します。また、**図 1.25（b）**に示すように、火花電圧は電極材料によっても異なります。これは、陰極表面の電界強度の上昇による電界放出のためです。また、**図 1.26** に示すように、不平等電界下では火花電圧に極大と極小が表れ、複雑な特性を示します。

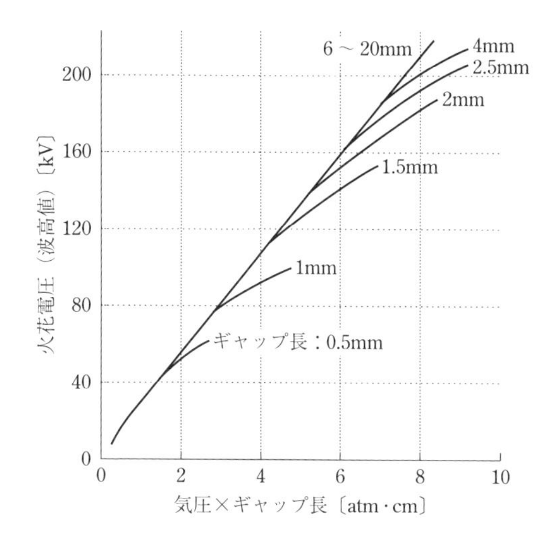

(a)ギャップ長の影響

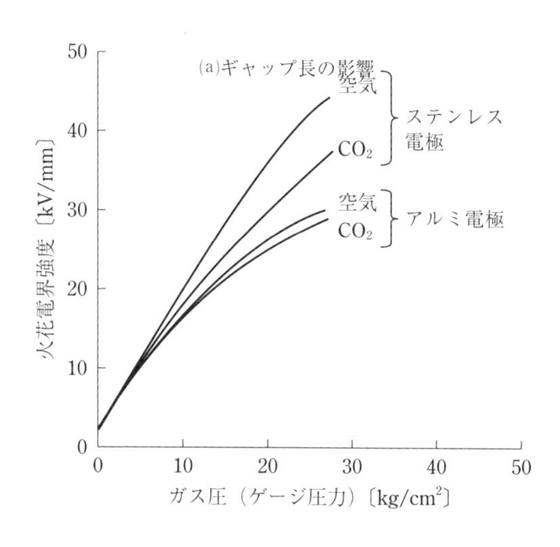

(b)電極材料の影響

図 1.25 平等電界下における高圧力空気中の火花電圧

（出典）鳳 誠三郎，関口忠，河野照哉：電離気体論，p164 の 3.79 図，p165 の 3.81 図，電気学会，1969

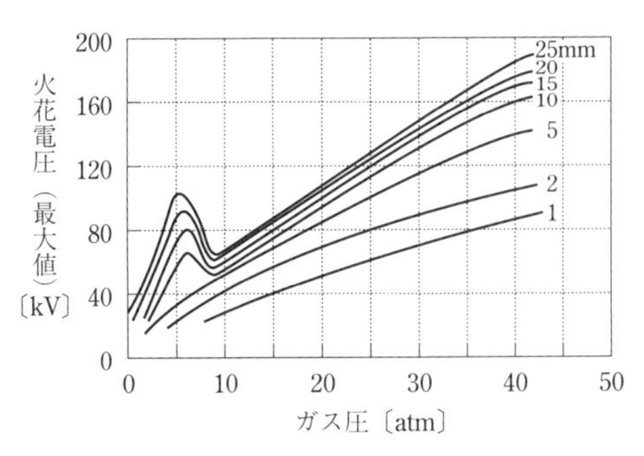

図 1.26 不平等電界下における高圧力空気中の火花電圧
（出典）鳳 誠三郎，関口忠，河野照哉：電離気体論，p166，3.82 図，電気学会，1969

1.8 真空中の放電

気体の圧力の低い領域では火花電圧は V 型の変化をとり、$pd=5$ mm・mmHg で極小値をとります。圧力の低下とともに、電子、イオンの平均自由行程が大きくなって加速されやすくなり火花電圧は低下しますが、圧力がさらに低くなると、電子やイオンが電極間を移行する間に衝突する機会が少なくなり、火花電圧は上昇します。真空度が $10^{-5}\sim10^{-7}$ mmHg になると衝突の機会はほとんどなくなり、火花電圧は著しく上昇します。**表 1.9** は電極間隔 1mm の火花電圧ですが、火花電圧が非常に高い値となり、真空が高い絶縁耐力を有することが分かります。

表 1.9 高真空中の火花電圧（電極間隔 1mm）

電極材料	火花電圧（kV）	電極材料	火花電圧（kV）
鋼	122	アルミニウム	41
ニッケル	96	銅	37

（出典）鳳 誠三郎，関口忠，河野照哉：電離気体論，p170，3.10 表，電気学会，1969

高真空における火花放電の機構を説明する考え方にはつぎのような説があります。

陽極加熱説：陰極上の高電界により冷陰極放射された電子が陽極に衝突し、吸蔵ガス、あるいは、金属電極の蒸気を放出させ、それをイオン化して火花形成に至るとの説。

陰極加熱説：冷陰極放射された電子がビームとなって陽極面に向かい、陽極で熱電子を放出させるとの説。

クランプ説：陽極面に付着している薄層やチリなどが陽極から離脱し、それが陰極に衝突し 熱電子を放出させるとの説。

1.9 雷放電

1.9.1 地球大気の構造

図 1.27 は地球大気の構造です。図に示すように、地球大気は地表に近いところから上空に向かって対流圏、成層圏、中間圏、熱圏に分かれます。対流圏（厚さ約 11km）では大気の激しい対流が起きており、風、雨、雲などの気象現象の源となっています。雷は対流圏で起きる自然界の大規模な放電現象です。

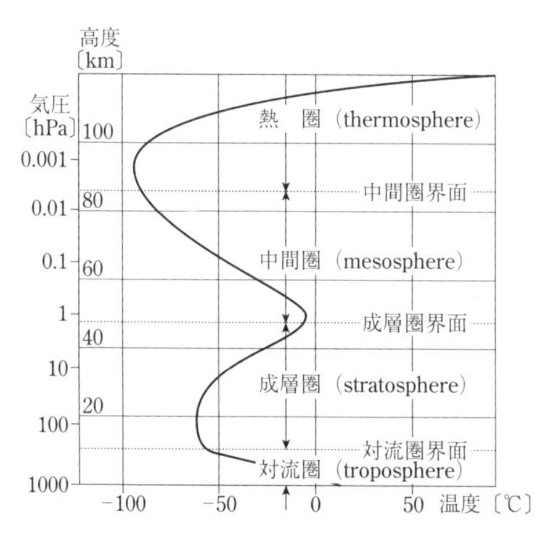

図 1.27　地球大気の構造

（出典）日本大気電気学会編：大気電気学概論，p8，図 1.7，コロナ社，2003

1.9.2 雷雲

寒気と暖気が接するところで激しい上昇気流が生じ、積乱雲が発生しているところで、雲が濃くなり降水が生じると、雲と降水の間で電荷の分離が起こります。電荷の分離が大きく、放電を生じる状態になったものが雷雲です。

高温多湿な小笠原高気圧の上層に冷たい乾燥大気が入り込んでできるのが熱雷（夏の雷）で、冷たいシベリア気団が相対的に温度の高い日本海上を移動し、北陸地方に生じるのが冬季雷です。雷雲は気象レーダーで観測されますが、レーダーに映るのは雲そのものではなく、雨、雪、あられ、雹（ひょう）など降下するものです。雷雲の単位はセルと呼ばれ、時間とともに発達します。その段階は発達期、成熟期、消滅期と呼ばれています。単一セルの雷雲は1時間以内に消失し、その活動も弱いのですが、多数のセルが複合したマルチセル雷雲の場合、激しい雷雨になります。雷雲は通常 20 ～ 40km/h で移動しながら活動します。

1.9.3　雷雲内の電荷分布

電荷分布は夏期雷と冬季雷とで異なります。冬季雷の場合には地表温度が低いことや、地表付近の上昇気流の速度が低いため、雷雲の下部にマイナス電荷が安定に存在しにくいといわれています。**図 1.28** は 夏季雷と冬季雷の電荷分布を示す図です。

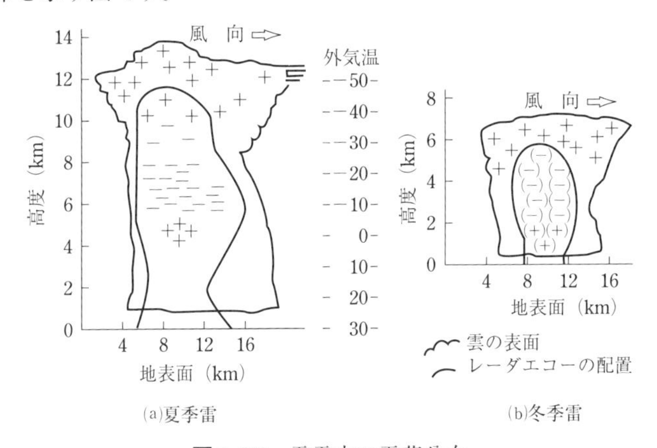

図 1.28　雷雲内の電荷分布

（出典）電気学会編：電気工学ハンドブック 第7版，p.606，図 11-7-1，オーム社，2013

図 1.29 は雷雲内の電荷の分布を立体的に示した図です。雷雲内では雲の上部にプラス電荷が広く分布し、マイナス電荷は降水領域（−20℃ ～ 30℃の範囲）に分布しています。上昇気流で運ばれる細かい氷晶にプラス電荷が、

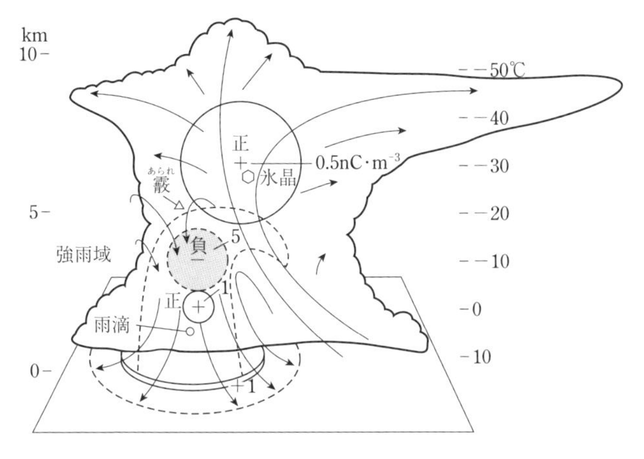

図 1.29 雷雲内の電荷分布
（出典）高橋劭：雷の科学，p 52，図 4.11，東京大学出版会，2009

重力で落下する大粒のあられや雹にマイナス電荷が分離してこのような分布となります。

雷雲内にプラス、マイナスの電荷分離が生じるメカニズムとしてもっとも確からしい理論は「着氷電荷発生理論」です。この理論は、雷雲や対流雲の中で過冷却の水滴が凍りついて、あられに成長する過程でプラス、マイナスの電荷分離が起こるという説で、雷雲内の電荷分布をよく説明できると考えられています。

＜参考＞

雷雲の中の電荷発生のメカニズムについては、かつて二人の大学者シンプソンとウィルソンが論争を行いました。シンプソンはイギリスの気象台長、ウィルソンはノーベル賞を受賞した物理学者で、二人とも著名な学者でした。1928 年にイギリスのグラスゴー大学で二人の講演会が行われ、ウィルソンがシンプソンの学説を批判しました。シンプソンはその後 10 年間、沈黙を保ったまま研究を続け、10 年後の 1937 年に新しい論文を発表して、有名なシンプソンモデルを発表しました。**図 1.30** はシンプソンが発表した雷雲の電荷分布のモデルです。

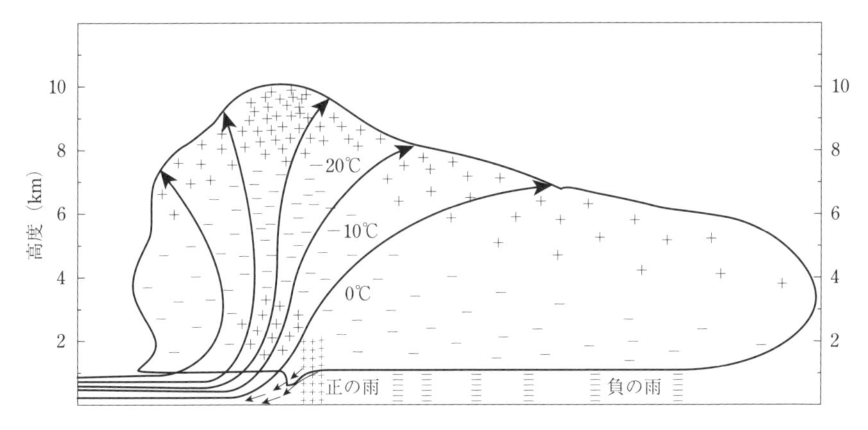

図 1.30　シンプソンの電荷分布モデル

1.9.4　雷放電

雷放電は雷雲の電荷によってつくられる高電界による大気の絶縁破壊現象で、放電のスケールは 1 ～ 20 km、放電電荷量は 1 ～ 2000 クーロンと非常に大きなものです。雷雲と大地間の放電（いわゆる落雷）はつぎのようなプロセスをたどって進行します。

先行雲放電 → 先行放電 → ステップドリーダ → 帰還雷撃 → ダートリーダ

雷放電は多くの折れ曲がりや枝分かれをしながら雷雲から大地に向かって進展します。この様相は時間分解能の優れた回転カメラ（ボーイズカメラ）による観測によって確認されています。

図 1.31 はこの様相を示す図です。図に示すように、ステップドリーダと呼ばれる階段状の放電が大地に向かって進行し、大地に達するとただちに大地から雷雲に向かって主放電の帰還雷撃（リターンストローク）が生じます。これに刺激され、雷雲のほかの部分から新たな雷放電（ダートリーダ）が地上に向かい、この放電が地上に到達すると再びこれに対する帰還雷撃が生じます。このように繰り返される雷放電が**多重雷**です。

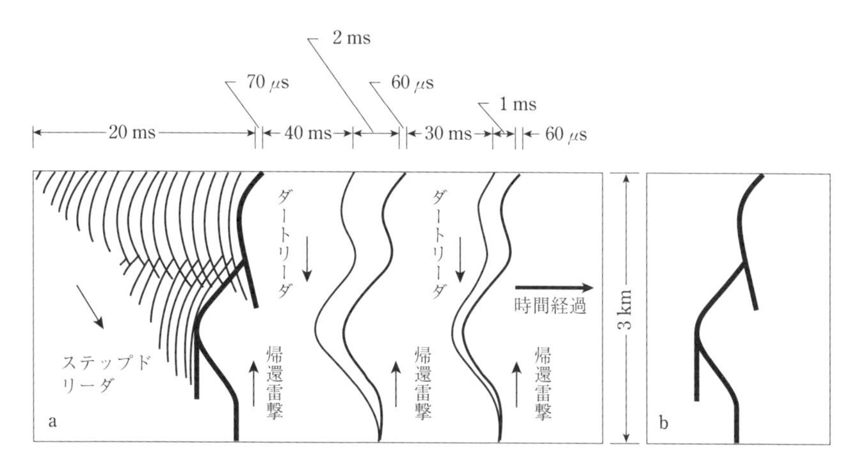

図 1.31　雷放電の進行過程

（出典）北川信一郎編著，河崎善一郎ほか著：大気電気学，p147，図 6-5，東海大学出版会，1996

1.9.5　雷放電の観測

いろいろな方法で雷放電の観測が行われています。写真撮影が古くから行われており、現在でも用いられています。放電の時間変化をとらえる特殊なカメラ（ストリークカメラ）も開発されています。放電経路の観測により、雷放電のプロセスが明らかにされています。落雷時には大地から雷雲に向けて数 kA ～ 300 kA の大電流が流れ、この電流によって感電、火災、機器の損傷などの被害が生じます。電流の測定は高い煙突の頂部に電流センサーを取付けて測定する方法などで行われています。また、電磁波の測定により、放電電荷量、電流の大きさ、放電過程などが推定できます。電磁波の到来方向を複数地点のループアンテナで観測し、落雷位置を推定するシステムも開発されています。

1.9.6　落雷と安全対策

人体に落雷した場合に死亡するのは、体内を流れる電流による呼吸停止、心臓の停止が起こるためです。落雷を誘引するものは地上から突出している人体そのもので、皮膚、衣服、レインコート、ゴム長靴は絶縁効果がありません。樹木、避雷針のない高い建物の近くは平地より危険で、樹木などに落雷したとき近くにいると非常に危険で、重傷を負ったり、死亡したりする場合があります。落雷から身を守るには次のようにすればよいといわれています。

①自動車、バス、列車、コンクリート建物の内部にとどまる。
②避雷針、あるいは高い物体の保護範囲に入る。
③高さ4 m以下の物体からは遠ざかる。頂上を45度以上の角度で見上げ、物体のどの部分からも2 m以上離れた位置で 姿勢を低くする。
④電灯線、電話線、アンテナ、接地線からは1 m以上離れる。

1.10 グロー放電とアーク放電

1.10.1 グロー放電

グロー放電は圧力が小さく、回路条件により電流が制限されている時の定常放電で、光は弱く回路に流れる電流は小です。電子放出の機構はγ作用です。放電管を用いた実験で回路の抵抗を変化させた時の$V-I$特性は**図1.32**のようになります。電流が増えても電極間電圧が変わらない領域が「正規グロー放電」で電流の増加とともに陰極前面の陰極グローが広がります。正規グロー放電を維持するのに必要な電圧は数百V程度です。電流密度がさらに増えると熱電子放出が始まり、やがてアーク放電に移ります。

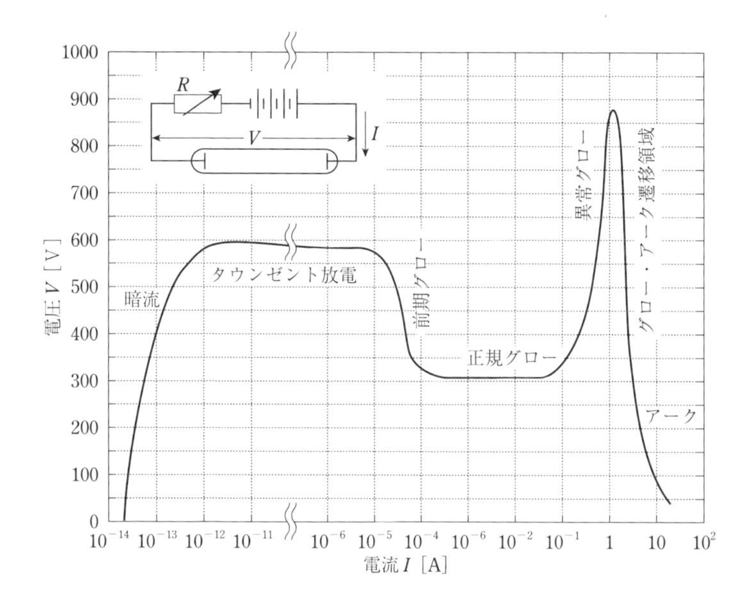

図 1.32　グロー放電の電圧電流特性

（出典）日高邦彦：高電圧工学，p81，4.4 図，数理工学社，2009

1.10.1.1　グロー放電の構造

グロー放電の構造を詳しく調べると、暗い部分と明るい部分が交互に表れます。グロー放電の構造、電界、および電荷・電流密度の分布を示すと**図 1.33**のとおりです。

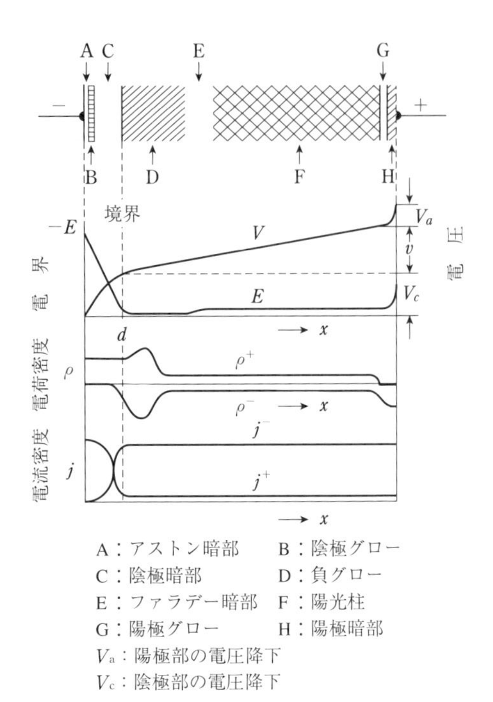

図 1.33 グロー放電の構造と電界・電荷・電流分布

（出典）電気学会編：電気工学ハンドブック 第7版，p.584, 図 11-2-13，オーム社，2013

グロー放電の各部分は次のような特徴を示しています。

① アストン暗部

陰極から出た電子の速度が小さく励起・電離が生じていないので発光はありません。

② 陰極グロー

電子の速度が上昇し、分子を励起。励起分子が発光して低エネルギ－レベルに遷移します。

③ 陰極暗部

電子の速度がさらに上昇しますが、かえって励起確率が低下し暗部を生じます。この部分の α 作用で生じた正イオンは陰極方向に移動し、γ 作用に寄与します。

④ **負グロー**

衝突電離でエネルギーを失った電子の励起作用による発光が生じます。低速の電子と低速のイオンによる再結合による発光が表れます。

⑤ **ファラデー暗部**

電子が再び加速され、再結合が困難になるため発光は起こりません。また、電子の速度が小さく励起・電離も不十分です。

⑥ **陽光柱**

電子の速度が上昇し、励起可能になって発光を生じます。正イオンの密度と電子の密度がほぼ等しくプラズマ状態で、**表 1.10** に示すように、気体の種類によって異なる色の発光を示します。

⑦ **陽極グロー**

加速された電子が陽極前面の気体分子を電離してグローをつくります。

表 1.10　グロー放電の色

気体	陽光柱の色	気体	陽光柱の色	気体	陽光柱の色
空気	赤	酸素	黄	アルゴン	暗赤
水素	桃	ヘリウム	白	水銀	緑
窒素	赤	ネオン	赤	ナトリウム	黄

1.10.1.2　グロー放電の利用

グロー放電は**表 1.10** に示すように各気体に特有の発光色を示します。この発光を利用してネオンサインなどに利用されています。また、ネオン管、ネオンランプ、材料の表面加工・改質等にも利用されています。

1.10.2　アーク放電

1.10.2.1　アーク放電の構造

アーク放電は圧力が高い場合の定常放電で、電流が大きく電極からの熱電子放出を伴い、高温で強い光を出します。放電路の形状は弧状で、**図 1.34** のように、陰極点、アーク柱、陽極点から構成されています。それぞれの内容はつぎのとおりです。

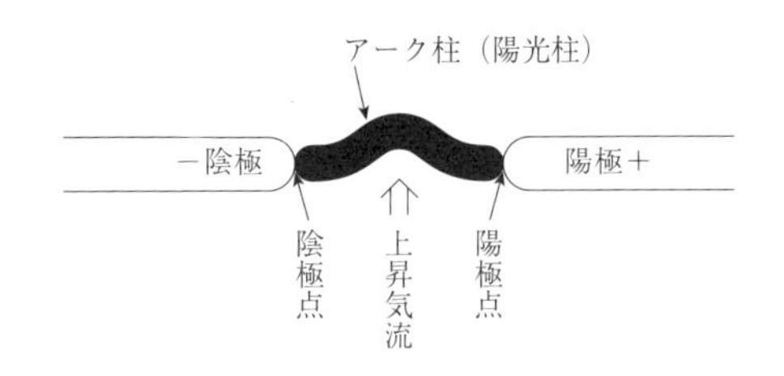

図 1.34　アーク放電の構造
（出典）河野照哉：新版 高電圧工学，p51，図 2.34，朝倉書店，1994

① 陰極点

アーク放電の陰極端が陰極点で、高密度の電子が放出されています。陰極がタングステンや炭素などの高融点材料の場合、陰極の温度が高く、熱電子放出により電子が供給されます。これが**熱電子アーク**です。熱電子アークの電流密度は 10^3 ～ 10^4 A/cm^2 です。陰極材料が銅、アルミニウム、水銀などの場合の陰極点アークは**冷陰極アーク**です。銅などの金属の融点は熱電子放出を十分行えるほど高くないので、電子放出の機構として陰極からの電界放出、陰極から蒸発した金属蒸気の熱電離、アーク柱の正イオンとの衝突で散乱した励起原子による γ 作用等が考えられています。冷陰極アークの電流密度は 10^6 A/cm^{2t} と高い値です。

② アーク柱

アーク柱は電流密度が高く高温の弧心と、電流密度と温度が低い外沿部とからなります。外沿部は化学的に活発な部位です。アーク柱の半径方向の温度分布は**図 1.35** のとおりで、N_2 と SF_6 とで温度分布に大きな違いがあります。SF_6 は電流が 0 になった時に導電率が低下する速度（アーク時定数）も小さく空気の 1 /100 以下で、絶縁は早く回復します。

③ 陽極点

陽極点はアーク柱が陽極に接する点で、アーク柱の電子が衝突し、そのエネルギーを受けて、陰極点と同様か、それ以上に高い温度となっています。陽極材料は、アーク放電の電圧電流特性などに影響を与えることが少なくありません。

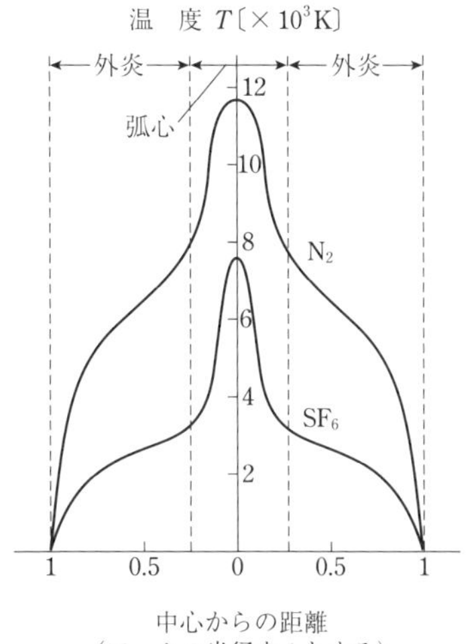

図 1.35　アーク柱の半径方向の温度分布

（出典）河野照哉：新版 高電圧工学，p.53，図 1.35，朝倉書店，1994

1.10.2.2　アーク放電の電圧電流特性

アーク放電の電圧電流特性は電流の小さい領域と大きいところで異なり、電流の小さい領域で電流が増えるとともに電圧が低下する負特性（垂下特性）を示します。**図 1.36** は炭素アークの電圧電流特性の例です。

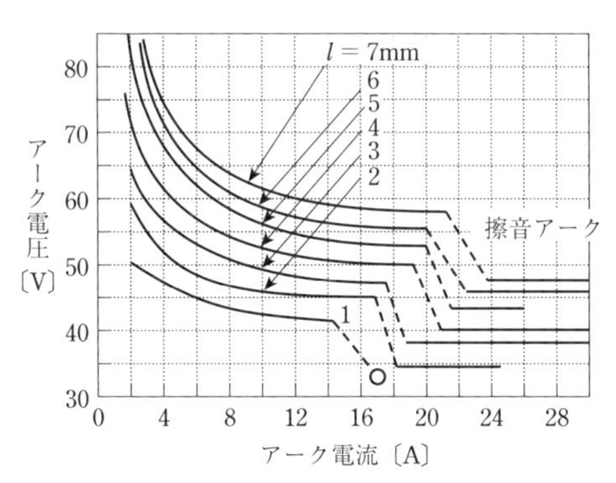

図 1.36　アーク放電の電圧電流特性の例

（出典）鳳 誠三郎，関口忠，河野照哉：電離気体論，p211，4.16 図，電気学会，1969

負特性を示す領域の実験式として（1.23）式で示されるエアトン夫人の式があります。

$$V = \mathrm{a} + \mathrm{b}l + \frac{\mathrm{c} + \mathrm{d}l}{I} \tag{1.23}$$

ここで、V はアーク電圧（V）、I はアーク電流（A）、l はアーク長（mm）です。式中の定数 a、b、c、d は**表 1.11** に示すように、電極材料によって異なります。

表 1.11　アーク放電の $V-I$ 特性を表す実験式中の定数

電極材料	a（V）	b（V/mm）	c（VA）	d（VA/mm）
炭素	38.9	2.1	11.7	10.5
白金	24.3	4.8	−	20.3
銀	14.2	3.6	11.4	19.0
銅	21.4	3.0	10.7	15.2
ニッケル	17.1	3.9	−	17.5
鉄	15.5	2.5	9.4	15.0

（出典）鳳 誠三郎，関口忠，河野照哉：電離気体論，p212，4.10 表，電気学会，1969

1.10.2.3　アーク放電の利用

アーク放電は蛍光灯、水銀灯などの光源としての利用や、高い熱を利用したアーク炉、アーク溶接等に利用されています。また、アーク柱ではガス分子の熱分解をはじめとする化学反応や原子・分子の電離・励起等が激しく生じているので、これを利用したプラズマ化学に利用されています。

第2章　液体の電気伝導と絶縁破壊

2.1　液体分子の構造と性質

2.1.1　液体分子の構造

液体は気体のように完全に無秩序ではなく、分子同士がお互いに緩やかな相互関係を有していて、気体と固体との中間の状態で存在しています。液体はその液体が固化したときの構造をかなりよく保っていて、乱れの強い結晶体に近い状態です。**図 2.1** は液体の構造を結晶固体の構造と比べて示したものです。

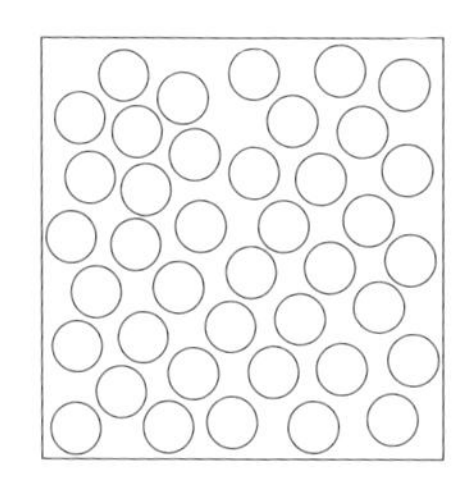

(a) 液体分子

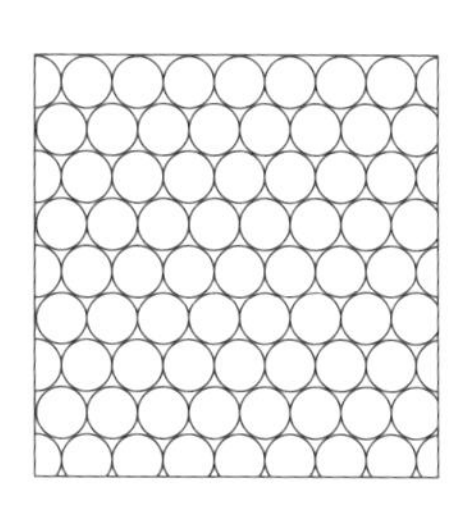

(b) 結晶固体

図 2.1　液体分子のモデル

(出典) 向坊隆 編：岩波講座基礎工学　材料科学の基礎Ⅱ，p222，図 2.86，岩波書店，1968

2.1.2　液体分子の特徴

液体は気体に比べて分子間距離がはるかに小さく、分子の大きさと同程度です。このため、平均自由行程が短く、高電界にならないと衝突電離が起こりません。高電界下では電極から放出された電子や液体分子が解離して発生したイオンにより電流が流れます。この電流による熱で気泡を生じ、その気泡中の放電により絶縁破壊が起こります。

2.2　主な液体絶縁材料

液体絶縁材料としてつぎのようなものがあります。

2.2.1　鉱油（Mineral Oil）

鉱油は石油の精製によって得られる絶縁油で、変圧器などの絶縁材料に用いられています。化学成分はパラフィン系炭化水素、ナフテン系炭化水素、芳香族炭化水素の混合体です。**図 2.2** にこれらの炭化水素の分子構造を示します。

$CH_3 - (CH_2)_n - CH_3$　　　$CH_3 - (CH_2)_n - CH(CH_3) - CH_3$

(a) パラフィン系炭化水素

(b) ナフテン系炭化水素　　　(c) 芳香族系炭化水素

図 2.2　パラフィン系成分、ナフテン系成分、芳香族成分の構造式

鉱油の特性として重要なものは粘度、流動点などの物理特性、絶縁破壊電圧や誘電特性などの電気特性、引火点、化学的安定性、金属に対する腐食性などです。鉱油中の芳香族成分は酸化を抑制し、部分放電によって生じたガス成分を吸収する性質があり、絶縁性能上大切です。**表 2.1** はケーブル用として用いられている 1 号鉱油の特性です。

表 2.1　鉱油系絶縁油（1 種 1 号油）の特性

項目	動粘度 (mm^2/s)	引火点 (℃)	流動点 (℃)	燃焼性 (mm/s)	比誘電率 (80℃)	誘電正接 (%)	体積固有抵抗 (TΩ·m80℃)	絶縁破壊電圧 (kV/2.5mm)
規格	13＞ (80℃)	130＜	−27.5＞	−	−	0.1＞	0.5＜	40＜
特性	8.0	134	−32.5	5.6	2.18 (1kHz)	0.01＞	30 (30℃)	75

＞: 以下、＜: 以上

（出典）静電気学会編：静電気ハンドブック，p.1246，表 2.11，オーム社，1998

2.2.2 合成絶縁油 (Synthetic Oil)

合成絶縁油は化学的に合成された絶縁油で、ポリブテン、アルキルベンゼン、シリコーン油などがあります。

2.2.2.1 ポリブテン

ポリブテンは**図 2.3** に示すような構造式の炭化水素で、粘度が高くケーブル接続部の充填油として用いられています。

$$(-CH_2-\underset{\displaystyle (C_2H_5)}{\underset{|}{CH}}-)_n$$

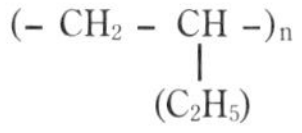

図 2.3 ポリブテンの構造式

2.2.2.2 アルキルベンゼン

アルキルベンゼンはベンゼンのアルキル置換体で、**図 2.4** に示す構造式の炭化水素です。代表例はドデシルベンゼンです。ガス吸収性がよく、高温高電界下の絶縁特性が良好で、導体として用いられる銅と反応しないので OF ケーブルの充填油として用いられています。

$$C_6H_5-(CH_2)_nCH_3$$

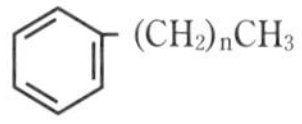

図 2.4 アルキルベンゼンの構造式

2.2.2.3 シリコーン油

シリコーン油は**図 2.5** に示すようなポリジメチルシロキサンを成分とする絶縁油です。高価ですが耐熱性がよく、化学的に安定な物質です。燃えにくい特長を生かして鉄道車両用の変圧器など高温で運転される変圧器に用いられています。**表 2.2** は鉱油および合成油の主な電気特性です。

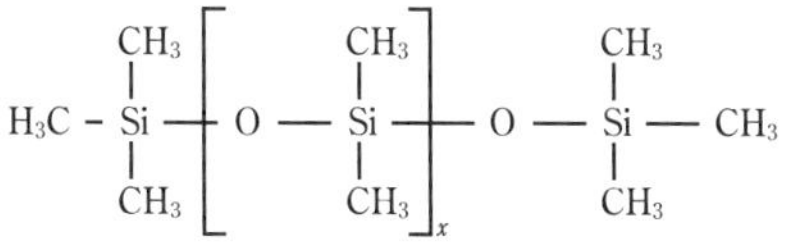

$$H_3C-Si(CH_3)_2-\left[O-Si(CH_3)_2\right]_x-O-Si(CH_3)_2-CH_3$$

図 2.5 シリコーン油の構造式

表 2.2　主な絶縁油の電気特性の比較

絶縁特性	鉱油	アルキルベンゼン	ポリブテン	シリコーン油
誘電率	2.2	2.15 ～ 2.5	2.2	2.8
誘電正接	0.001	0.004	＜0.0005	0.0002
体積抵抗率 (Ωm)	10^{11} ～ 10^{13}	10^{12}	1.5×10^{12}	10^{13}
絶縁耐力 (kV/mm)	28	＞60kV(＊)	40kV(＊)	10

（＊）油間隙 2.5mm のときの破壊電圧

2.2.3　極低温液体

空気、窒素、酸素、水素、ヘリウムなどの気体は極低温下で液化します。これらの極低温液体は超電導現象を利用した電気機器の絶縁材料として利用されています。**表 2.3** は液体窒素と液体ヘリウムの主な物理特性を変圧器油の特性と比較したものです。

表 2.3　低温液体の物理特性

物 質	温度 (K)	密度 (g/cc)	粘度(μpoise)	比熱 (cal/g/℃)	比誘電率
液体ヘリウム	4.21	0.1251	31	1.08	1.0469
液体窒素	77.3	0.881	1600	0.48	1.431
変圧器油	273	0.900	450,000	0.425(30 ℃)	2.22

2.3　液体の電気伝導

2.3.1　電気伝導のキャリア

液体の電気伝導に関わるキャリアを大別すると、電極からの注入電荷と、液体分子や液体中の不純物が解離して生じるイオン、に分けられます。電極からの注入電荷は熱により陰極から放出される電子と、電界放出により電極から放出される電子です。熱エネルギーにより金属電極から放出される電子に起因する熱電子電流 J はつぎのリチャードソンの式で表されます。

$$J = AT^2 \exp\left(\frac{-e\phi}{kT}\right) \tag{2.1}$$

ここで、J は熱電子電流、T はリチャードソン定数、ϕ は仕事関数、k はボルツマン定数です。

電界 E が加えられているときには、電子を放出する際に超えなければならないポテンシャルの高さが低下します。これが**ショットキー効果**です。熱電子による電流はつぎの（2.2）式のように、電界 E の平方根を含む指数関数で表されます。

$$J = AT^2 \exp\left(\frac{-e\phi}{kT}\right) \cdot \exp\left(\frac{\sqrt{\frac{e^3E}{4\pi\varepsilon}}}{kT}\right) \tag{2.2}$$

電界がさらに高くなると、金属中の電子がトンネル効果によって放出されます。そのときの電流密度 J は（2.3）式で表されます。電界放出は 10^6 V/cm ぐらいの電界から盛んになります。

$$J = AE^2 \exp\left(\frac{-b}{E}\right) \tag{2.3}$$

様々な機構で液体中に放出された電子は、短時間のうちに液体分子に付着して負イオンになると考えられています。一方、原子 A と原子 B からなる分子 AB の解離によってイオンを発生する機構は（2.4）式のように表されます。

$$\mathrm{AB} \Leftrightarrow \mathrm{A}^+ + \mathrm{B}^- \tag{2.4}$$

解離を生じるには、**図 2.6** に示すイオン化エネルギー（W）を超えるエネルギーが必要になります。このエネルギーは熱、電界、放射線などにより供給されます。

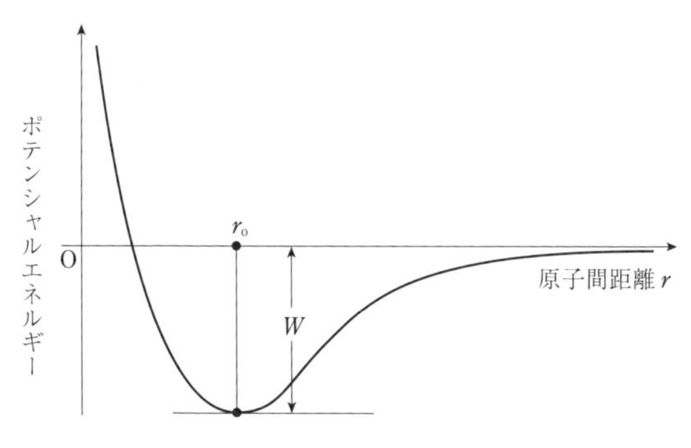

図 2.6　イオン解離の説明図

（出典）電気学会放電ハンドブック出版委員会編：放電ハンドブック下巻，p36，図 1，電気学会，1998

2.3.2 液体の電気伝導

高電界が加わったときに液体に流れる電流の特性（電圧電流特性）は**図 2.7** に示すような 3 領域に分かれます。領域 a は電圧に比例して電流が増加する領域、領域 b は電流が徐々に増加する領域、領域 c は電圧の増加とともに電流が急増する領域です。

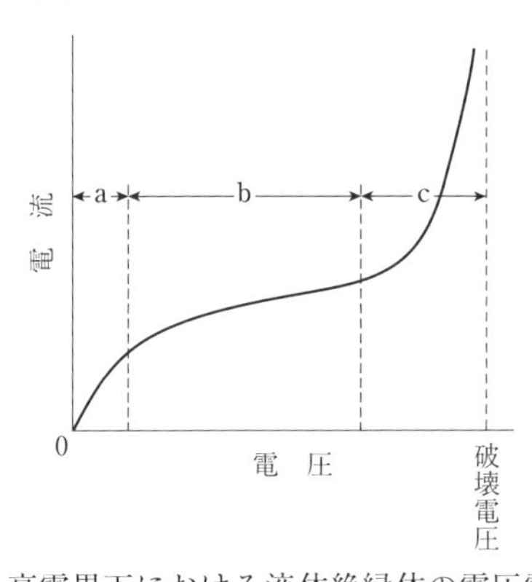

図 2.7　高電界下における液体絶縁体の電圧電流特性

（出典）河野照哉：新版 高電圧工学，p.57，図 3-1，朝倉書店，1994

領域 a では自然界の放射線などによって生じた液体分子や液体中の微量な不純物分子が解離して生じたイオンが電気伝導のキャリアとなっています。b の領域ではキャリアの発生が電極間の移動に追いつかないため、電流は飽和の傾向を示します。電圧がさらに上昇すると、陰極からの電子放出や液体分子の解離、および、電界下で加速された電子による衝突電離などによってキャリアとなる荷電粒子が急増し、領域 c のように電流が急増し、絶縁破壊に至ります。

2.4 液体の絶縁破壊

2.4.1 絶縁油の絶縁破壊特性

液体の絶縁破壊に及ぼす要因として次のような項目が挙げられます。

①電極（電極材料、電極の構造、電極面積、電極間隔）

②電圧（電圧上昇速度、電圧波形、印加時間）

図 2.8 は数種の電極系を使用して変圧器油の交流破壊電圧を求めた結果で

す。絶縁油の絶縁破壊の強さは大気圧空気のおおよそ7倍ですが、図のように絶縁破壊電圧は電極によっても異なります。変圧器油の破壊電圧はギャップ長の2/3～1/2乗に比例して増加するといわれています。

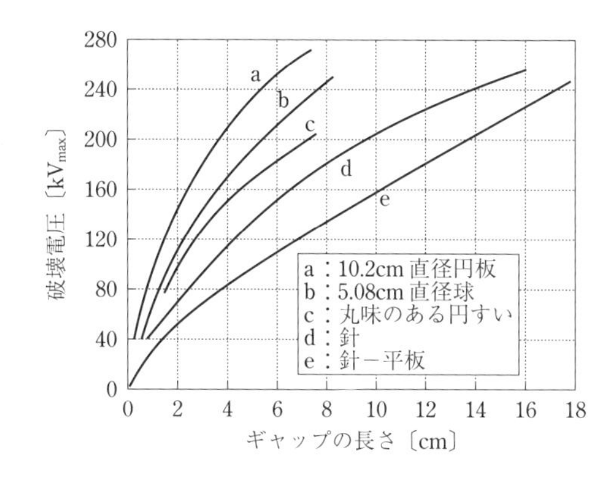

図 2.8　変圧器油の交流破壊電圧

(出典) 河村，河野，柳父：高電圧工学 3 版改訂，p45，図 2.23，電気学会，2003

2.4.2　絶縁破壊の面積効果と体積効果

絶縁油の破壊電圧は、電極面積や電界が加わる部分の体積が増すと低下することが知られています。これが絶縁破壊の**面積効果**と**体積効果**です。**図 2.9**は絶縁油の絶縁破壊の強さの体積効果を示すデータで、一定以上の電界が加わっている絶縁油の課電体積 SOV（Stressed Oil Volume）を横軸にとり、絶縁油の破壊電界を示したものです。面積効果や体積効果が現れるのは絶縁体の面積や体積が増すにつれて、電極表面の微小な突起や、液体中の吸蔵ガス、不純物などの欠陥の存在する確率が増えるためと考えられています。

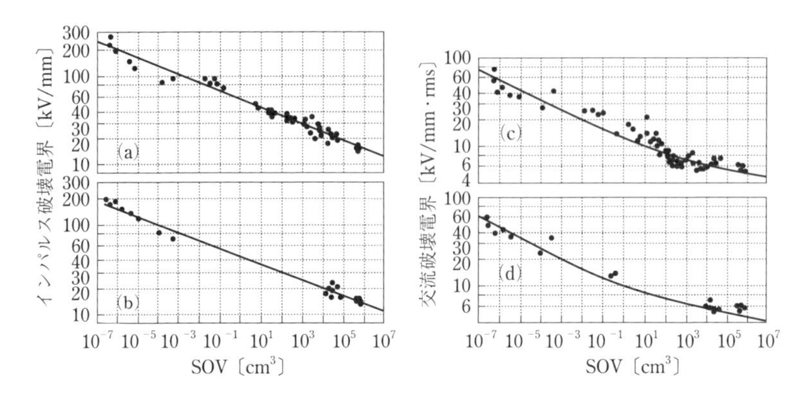

図 2.9　絶縁油の体積効果を示す実験データの例
(a)雷インパルス，(b)開閉インパルス，(c) AC（1分間），(d) AC（30 分間）
電極：平板－平板
（出典）宅間，柳父：高電圧大電流工学，p65，図 4.15，電気学会，1988

2.4.3　絶縁油の絶縁破壊に及ぼす不純物の影響

絶縁油中に繊維、水分などの不純物が含まれていると、絶縁破壊の強さに大きな影響を及ぼします。**図 2.10** は交流電圧に対する変圧器油の絶縁破壊電圧を示したものですが、図に示すように、わずかの水分により破壊電圧が大幅に低下します。繊維状の不純物と水分が共存する場合の低下は特に大きくなることが指摘されています。このように絶縁破壊の強さが不純物によって大きく影響されることが液体絶縁体の特徴です。実際の機器の設計や施工などに際してはこの影響を除去することが重要で、**図 2.11** に示すようなクリーニング装置を用いて水分や不純物をとり除く処理が行われています。

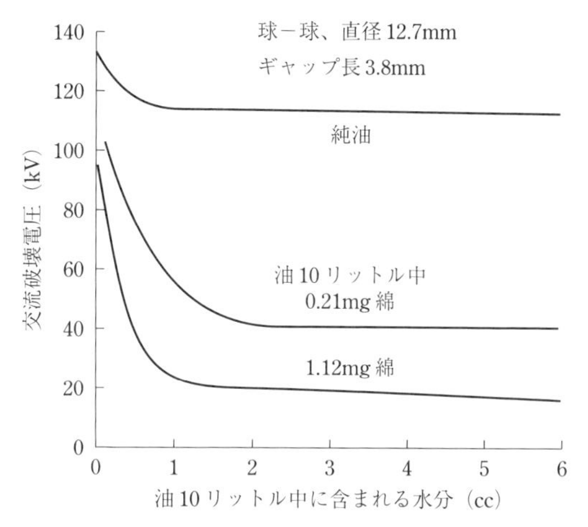

図 2.10 破壊電圧に及ぼす水分と繊維状異物の影響

（出典）河野照哉：新版 高電圧工学，p.61，図 3.6，朝倉書店，1994

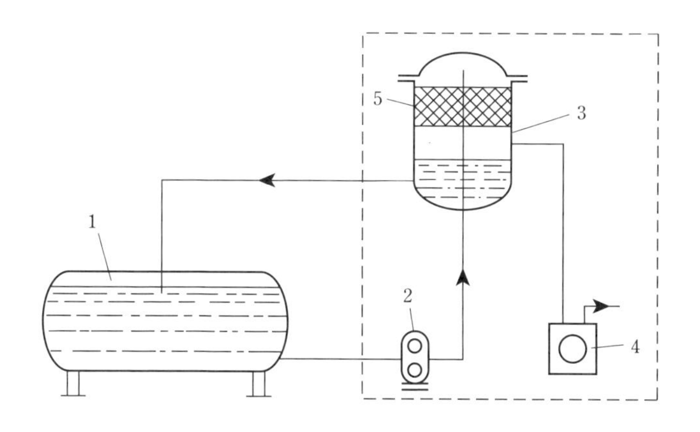

図 2.11 絶縁油の脱気と不純物の除去を行う装置

1：油槽、2：循環ポンプ、3：脱ガス室、4：真空ポンプ、5：絶縁油ラッシング装置

2.4.4 液体の絶縁破壊理論

液体の絶縁破壊を説明する理論として**電子的破壊理論**と**気泡破壊理論**があります。

2.4.4.1　電子的破壊理論

電子的破壊理論は、電子の衝突電離に伴う電子増倍作用により破壊が生じるとの理論と、空間電荷に着目した破壊理論が提唱されています。2.1.2 で述べたように、液体分子の分子間距離は分子の大きさと同程度で、平均自由行程が短いため、気体に比べて衝突電離は起きにくい傾向にあります。しかし、高電界下においては、電極からの電子放出や、液体分子の解離に伴うイオンの発生が増し、気中放電の場合と同様な衝突電離が起こり、これが絶縁破壊につながるとの考え方です。空間電荷に着目した破壊理論は、電極表面の突起部などの局部的な高電界部において空間電荷による電界の歪(ひず)みがからんで絶縁破壊が引き起こされるとの考え方です。

2.4.4.2　気泡破壊理論

気泡破壊理論は液体の絶縁破壊理論として有力な説です。気泡が発生する機構として、① 電流が増すとその電流による発熱によって気泡が発生するという説、② 電子の衝突解離によって気泡が発生するとの説、③ 電極表面の気泡に電荷が溜まり、静電反発力がはたらいて気泡を生じるという説、などが考えられています。気泡が発生すると気泡内の放電により絶縁破壊が起こり、この気泡内の絶縁破壊が全体の絶縁破壊の発端となるという理論です。

2.4.5　極低温液体の放電現象

図 2.12 は平等電界下における液体ヘリウム、および液体窒素のパッシェン曲線です。

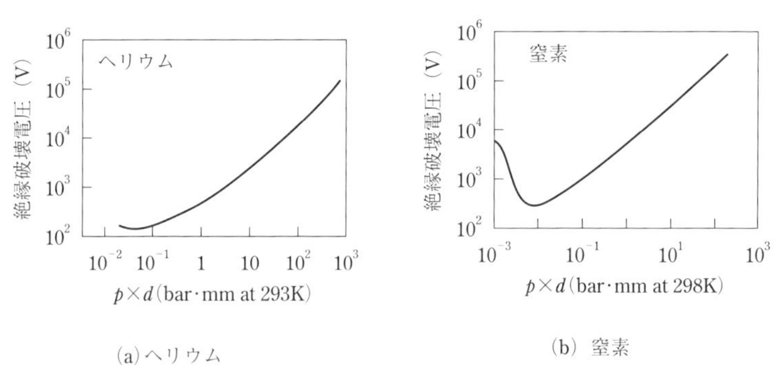

図 2.12　ヘリウムと窒素のパッシェン曲線

パッシェン曲線は気体の放電特性を特徴的に表す曲線ですが、窒素は78 K程度、ヘリウムは4.4 K程度の極低温までパッシェン曲線に従うことが確認されています。図から明らかなように、窒素の破壊電圧はヘリウムの破壊電圧よりも高いことが確認できます。

図 2.13 は極低温液体絶縁物の絶縁破壊特性の測定結果です。**図 2.13**(**a**)は液体ヘリウム、**図 2.13**(**b**)は液体窒素の特性です。これらの結果は異なる研究者によって求められた結果ですが、いずれの低温液体も破壊電圧がギャップ長とともに直線的に上昇していることが分かります。破壊電圧の最低値 V_B〔kV〕とギャップ長 d〔mm〕の関係を表すつぎの実験式が得られています。

液体ヘリウム : $V_B = 21.5d^{0.8}$〔kV〕、　液体窒素 : $V_B = 29.0d^{0.8}$〔kV〕

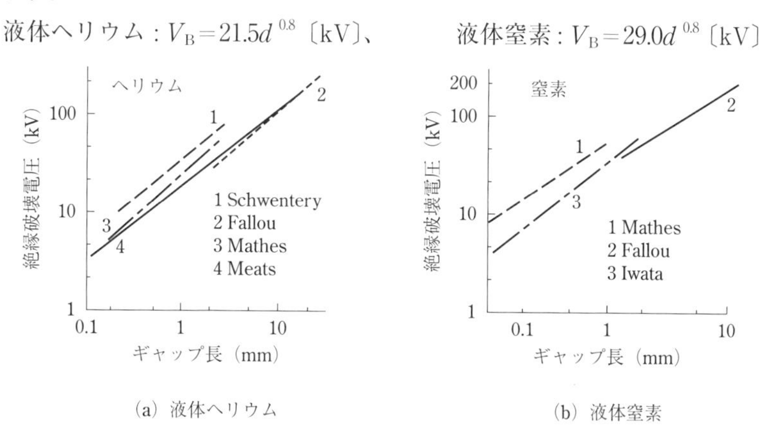

(a) 液体ヘリウム　(b) 液体窒素

図 2.13　低温液体の絶縁破壊電圧
（電気学会技術報告（II 部）260 号「極低温絶縁技術」に掲載されている図を参照して作成）

第3章　固体の電気伝導と絶縁破壊

3.1　固体絶縁材料

3.1　固体絶縁材料

固体材料を体積抵抗率で区分した場合、**図 3.1** に示すように金属、半導体、絶縁体に区分けされます。絶縁体のうちの固体絶縁材料は、**表 3.1** に示すように天然材料と合成材料に分けられ、それぞれは無機材料と有機材料に大別され、その化学構造により、①結晶（アルカリハライドなど）、②非晶質（ガラスなど）、③高分子（ポリエチレン、その他）などに分けられます。今日、工業材料として広く利用されている材料は合成材料です。

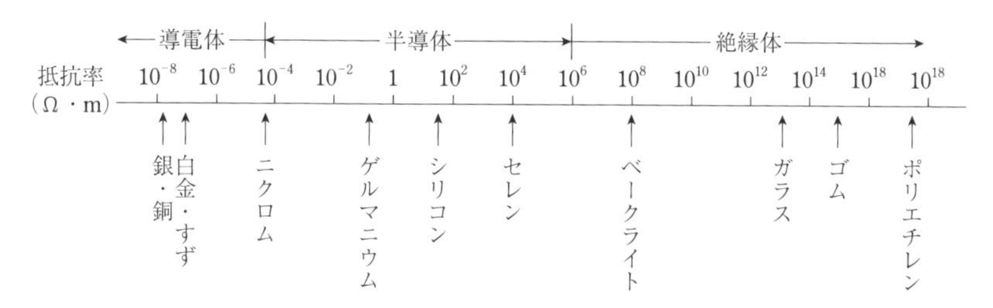

図 3.1　体積抵抗率からみた各種物質

表 3.1　固体絶縁材料の分類

区分		分類	具体例
天然材料	無機材料	マイカ、水晶、イオウ	
	有機材料	繊維質材料	木材、パルプ、紙、糸、布
		天然樹脂	樹脂、ろう、ロジン、コハク
		ゴム	天然ゴム
		鉱物由来材料	アスファルト、ピッチ
合成材料	無機材料	磁器、ガラス	
	有機材料	熱可塑性樹脂	ポリエチレン、ＰＶＣ
		熱硬化性樹脂	フェノール樹脂、エポキシ樹脂
		合成ゴム	エチレンプロピレンゴム、シリコンゴム

3.2 固体絶縁材料の電気伝導現象

固体絶縁材料は絶縁抵抗が高く、電流はほとんど流れませんが、高電界下では微弱な電流が流れます。高電界下における電気伝導現象は絶縁破壊の前駆現象として重要です。

3.2.1 絶縁材料中を流れる電流

3.2.1.1 電流の測定方法

絶縁抵抗が高い絶縁材料は、高電界を印加したときに流れる電流は微弱で、測定には高度な技術が必要です。絶縁物中を流れる電流の測定には**図 3.2** のような主電極とガード電極からなる電極が用いられ、測定には高感度の電流測定器が用いられます。

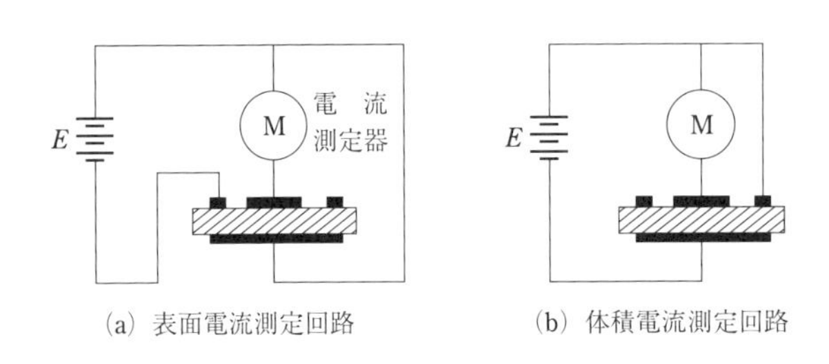

図 3.2 電極構成と電流測定系

3.2.1.2 電流の時間特性

時間 $t=0$ に直流電圧を印加した場合、**図 3.3** に示すように、時間とともに減少する電流が観測されます。電流は瞬時充電電流（I_{sp}）、吸収電流（I_a）、漏れ電流（I_d）の 3 成分に分けられ、このうち、漏れ電流 I_d が絶縁抵抗に関係する成分で、漏れ電流 I_d の測定値から（3.1）式を用いて体積固有抵抗 ρ_v を求めることができます。

$$\rho_v = R_v\left(\frac{S}{t}\right) = \left(\frac{V}{I_d}\right) \times \left(\frac{S}{t}\right) \tag{3.1}$$

V: 印加電圧、t: 試料の厚さ、S: 電極面積

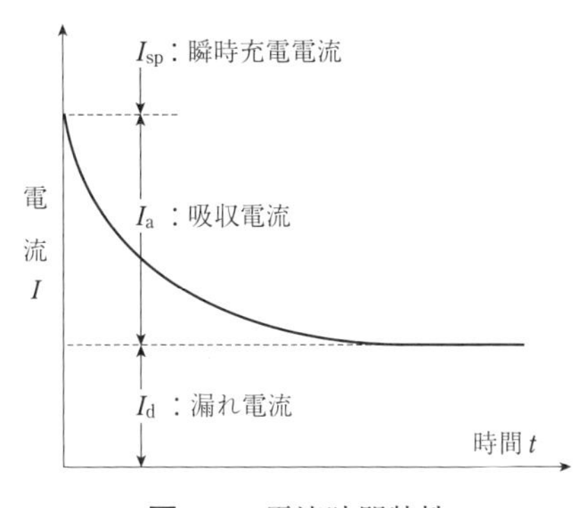

図 3.3　電流時間特性

3.2.1.3　電圧電流特性

図 3.4 は温度を一定にして印加電圧を増加させた時の電圧電流特性です。電圧電流特性はつぎの三つの領域に分かれます。

Ⅰ．電流が印加電圧に比例する領域（低電界電気伝導の領域）

Ⅱ．電流が指数関数的に増加する領域（高電界電気伝導の領域）

Ⅲ．電流がさらに増加する領域（高電界電気伝導の領域）

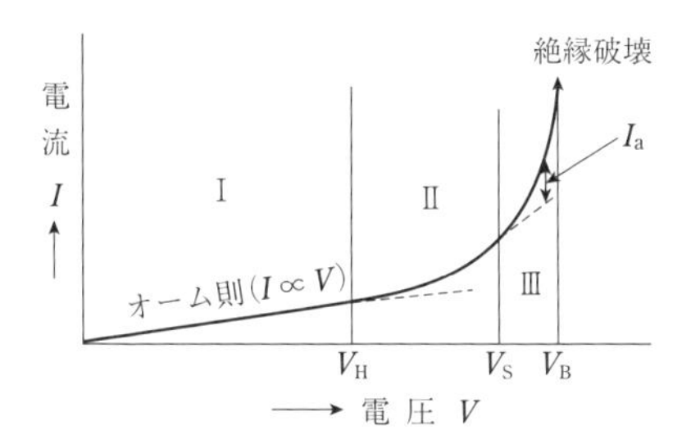

図 3.4　固体絶縁物の電圧電流特性

図 3.5 は印加電界を変えたときの伝導電流の測定例です。図の例は低密度ポリエチレン、架橋ポリエチレン、および酸化防止剤を含む架橋ポリエチレンの実測例ですが、酸化防止剤の添加によって伝導電流が大きく変化することが分かります。

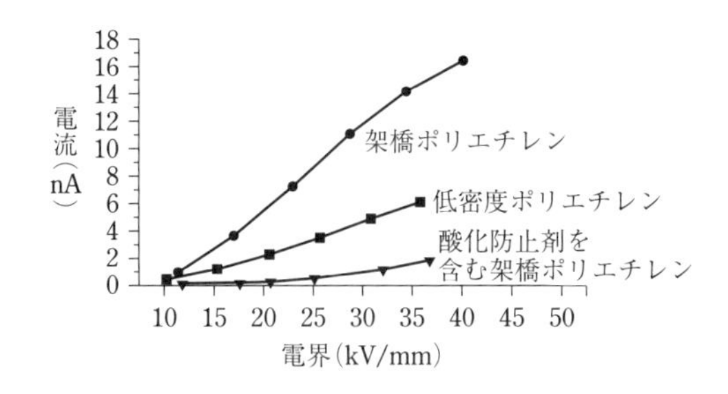

図 3.5 絶縁材料中を流れる伝導電流の測定例

3.2.1.4 電流の温度特性

印加電圧を一定にして温度を変化させた場合、漏れ電流 I_d は温度上昇と共に増加します。漏れ電流 I_d と温度 T の関係はアーレニウス則に従い、(3.2)式で表されることが知られています。

$$I \propto e^{\frac{-U_a}{kT}} \tag{3.2}$$

ここで、U_a は活性化エネルギー、k はボルツマン定数、T は絶対温度です。**図 3.6** は低密度ポリエチレン、および架橋ポリエチレンの I_d の実測値から $\ln\sigma$ と $\frac{1}{T}$（T：温度）の関係を求めてプロットしたアーレニウスプロットで、**表 3.2** はこのプロットから算出した低密度ポリエチレンと架橋ポリエチレンの活性化エネルギー U_a の値を含む6種類の高分子材料の電気伝導の活性化エネルギー U_a の値を示したものです。

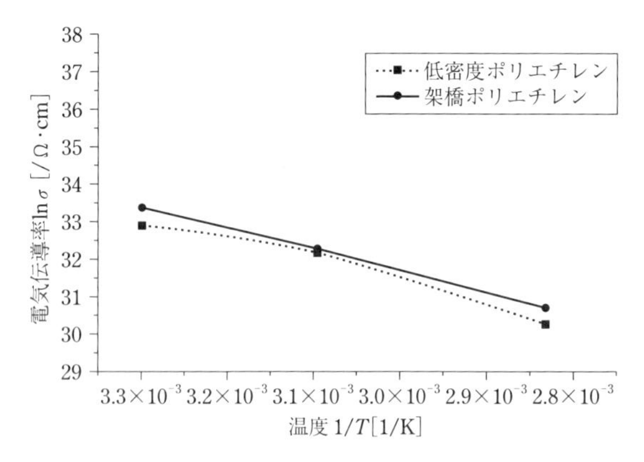

図 3.6 低密度ポリエチレンと架橋ポリエチレンの電気伝導率のアーレニウスプロット

表 3.2　高分子材料の電気伝導の活性化エネルギー U_a

絶縁材料	U_a (kcal/mol)	温度範囲 (℃)	絶縁材料	U_a (kcal/mol)	温度範囲 (℃)
低密度ポリエチレン (＊)	15	30－80	ポリエチレンテレフタレート	38	100－200
架橋ポリエチレン (＊)	14	30－80	ポリメチルメタクリレート	33	21－60
ポリスチレン	30	40－80	ナイロン 66	40	40－160

(＊) 実測値（＊以外は文献値）
（文献値は犬石嘉雄編他『誘電体現象論』(電気学会，1973) p.207 の第 4.1 表に所収の数値を掲載）

第3章

3.2.2　電気伝導の機構

3.2.2.1　キャリアの発生機構

電気伝導の機構を明らかにするには、電荷のキャリアとその移動の過程を明らかにする必要があります。電気伝導に寄与するキャリアは絶縁体中に存在する自由電子、電極から放出される電子、および、絶縁体中に生じるイオンなどです。電子による伝導が**電子伝導**、イオンによる伝導が**イオン伝導**ですが、低電界下ではイオン伝導が、高電界下では電子伝導が主体といわれています。

電極から電子が放出される機構としては熱電子放出、光電子放出などがありますが、外部電界が加わった場合には電子を放出するときの電位障壁が下がり、放出電子数が増加する**ショットキー効果**が表れます。この場合の電流（ショットキー放出電流）は電界 E に対して指数関数的に増加し、電流を I とすると、$\ln(I)$ と $\sqrt{E}$ の関係が直線となります。不純物等に束縛されている電子が熱、光、放射線、電界などのエネルギーにより伝導電子に転換する際に、電界の作用によってその転換が容易になり、伝導電子の数が増加します。この効果が**プールフレンケル効果**です。この効果が表れる場合、電流密度 I は印加電界を E とすると $\exp(\sqrt{E})$ に比例して増加します。キャリアとなるイオン源としてイオン結晶中のイオンと共有結合物質中のイオンがあります。**図 3.7** はイオン結晶中の格子欠陥である**フレンケル型欠陥**と、**ショットキー型欠陥**を示したものです。フレンケル型欠陥は正負のイオンとそのぬけがらの空孔の対、ショットキー型欠陥は正イオンと負イオンの空孔の対か

図 3.7　イオン結晶の格子欠陥

らなる欠陥です。

高分子材料などの共有結合性物質中のイオン源としては原料中の不純物や重合における触媒残渣、各種の配合剤、結晶や非晶質中の不純物や、高分子材料が熱分解する過程の解離により生じるイオンなどがあります。

3.2.2.2　イオン伝導の機構

不純物の解離などで生じたイオンは原子配列の隙間を縫って移動し、電気伝導に寄与します。材料中に含まれる不純物や欠陥が多く、隙間が大きいほどイオン電流は流れやすくなります。低電界下では電流 I が印加電界 E に比例するオーム則が成立し、高電界下では電流 I の対数 $\log I$ が電界 E に比例します。

3.2.2.3　電子伝導の機構

材料中に欠陥が少なく、規則正しい原子配列の場合、キャリアの電子は結晶内を自由に移動できますが、非晶質材料や欠陥の多い結晶では電子の平均自由行程が小さくなるので、電子は原子から原子へ、あるいは分子から分子へととび移る**ホッピング伝導**を行うと考えられています。

3.2.2.4　空間電荷伝導

絶縁体のバルク中を流れる電流（I_b）と陰極からの注入電子による電流（I_c）とがバランスしない場合には電荷の蓄積が起きます。この場合には絶縁体内部の電界分布が変化し、電気伝導に影響を与えます。$I_c > I_b$ の場合には陰極近傍に電極の極性と同じ極性の空間電荷（ホモ空間電荷）を生じ、陰極前面の電界を低下させるので、I_c が抑制されます。このような場合の電子伝導が**空間電荷制限伝導**（SCLC）です。

3.3 固体絶縁材料の絶縁破壊

3.3.1 絶縁破壊試験電極

絶縁破壊は絶縁材料に加える電界を増加させた場合に絶縁体を流れる電流が非直線的に増加し、ある電界以上で電流が飛躍的に増して電気絶縁性能が失われる現象です。気体の場合には、電界を取り除くと絶縁が回復しますが、固体絶縁体の場合、このような自復性がなく、絶縁破壊は絶縁体の寿命を決める要素となります。このため、多くの固体絶縁材料について、**絶縁破壊の強さ**（絶縁破壊を生じる電界の強さ）の測定が行われています。**図 3.8** は材料固有の絶縁破壊の強さを求めるときに使用される電極です。

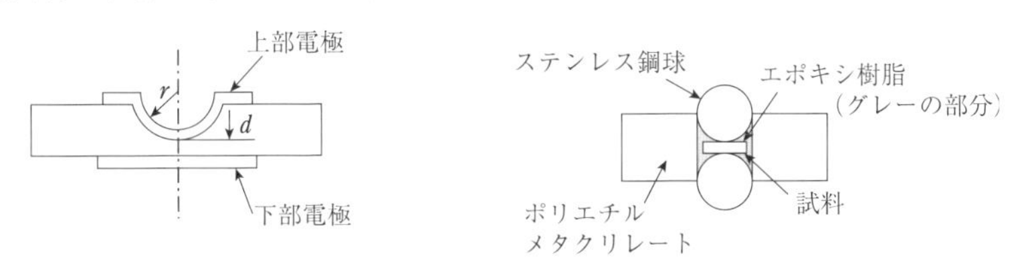

図 3.8 絶縁破壊の強さ測定用の試料

3.3.2 絶縁破壊の強さに影響する要因

絶縁破壊の強さは材料により異なり、絶縁材料はそれぞれ固有の絶縁破壊の強さを有していますが、実験でこれを求める場合、印加する電圧や試料の厚さ、周囲媒質などの二次的要因によっても変化します。

3.3.2.1 電圧の種類と絶縁破壊の強さ

交流、直流、雷インパルスと電圧の種類が違うと絶縁破壊の強さが異なり、一般に絶縁破壊の強さ E の順序はつぎのようになります。

E（交流）$<$ E（直流）$<$ E（雷インパルス）

これは電圧の加わる時間の長さや極性の違いによって材料に生じる絶縁破壊のメカニズムが異なることや、空間電荷の影響の表れ方が異なることなどの理由によると考えられています。

3.3.2.2　試料厚さの影響

図 3.9 は厚さの異なるポリエチレンの絶縁破壊電圧を測定した結果です。多くの材料では試料厚さが増加すると**図 3.9** のように破壊電圧は飽和の傾向を示します。一般に試料の破壊電圧 V は (3.3) 式のように表されます。試料の厚さ d の増加によって絶縁破壊の強さ $E\left(=\dfrac{V}{d}\right)$ が減少するのは媒質効果、寸法効果によると説明されています。

$$V = A \cdot d^n \qquad (n : 0.3 \sim 1.0) \tag{3.3}$$

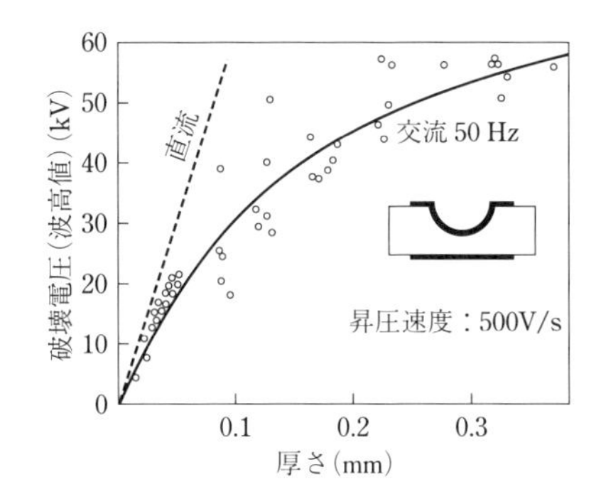

図 3.9　ポリエチレンの絶縁破壊電圧

（出典）電気学会放電専門委員会編：放電ハンドブック，p238，第 54 図，電気学会，1965

3.3.2.3　周囲媒質の影響

絶縁破壊の強さを求める実験の多くは絶縁油中で行われますが、この場合には電極端部に生じる放電の影響を受けます。

3.3.2.4　絶縁材料中の欠陥

厚さの厚い絶縁体中には**図 3.10** に示すような異物、ボイド、絶縁層と導電層の境界面における凹凸 などの欠陥が存在している可能性があります。欠陥が存在する場合、それらの欠陥が材料の劣化や絶縁破壊の起点となり、材料固有の絶縁破壊の強さよりもはるかに低い電界で絶縁破壊を生じます。このため、これらの欠陥部を起点とする劣化や絶縁破壊は電気機器にとって無視できず、欠陥の発生をできるだけ除く対策を講じることが重要です。

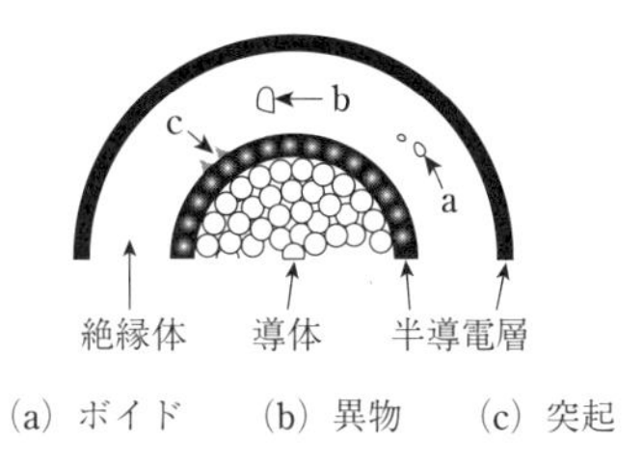

(a) ボイド (b) 異物 (c) 突起

図 3.10 絶縁破壊の原因となる絶縁体内の欠陥

3.3.3 種々の物質の絶縁破壊の強さ

多くの固体絶縁材料の絶縁破壊の強さが実験で求められています。主な材料の絶縁破壊の強さを示します。

3.3.3.1 アルカリハライド

アルカリハライドはNaClのように、アルカリイオンとハロゲンイオンとからなる結晶で、構造が単純で純粋な試料が得やすいため、実験の材料として古くから用いられ、絶縁破壊の強さが測定されています。**表 3.3** にアルカリハライドの絶縁破壊の強さを示します。

表 3.3 アルカリハライド結晶の絶縁破壊の強さ

物質	絶縁破壊の強さ（$\times 10^6$ kV/mm）	物質	絶縁破壊の強さ（$\times 10^6$ kV/mm）
NaCl	1.5	KCl	1.0
NaBr	1.0	KBr	0.8

3.3.3.2 マイカ、石英、ガラス

マイカ、石英、ガラスはシロキサン結合（−Si−O−）を分子構造の骨格とする無機絶縁材料で、耐熱性がよく、絶縁材料として古くから利用されています。**表 3.4** にこれらの材料の絶縁破壊の強さを示します。

表 3.4　無機絶縁材料の絶縁破壊の強さ

物質	絶縁破壊の強さ（$\times 10^6$ kV/mm）	物質	絶縁破壊の強さ（$\times 10^6$ kV/mm）
マイカ	10 ～ 15	人造マイカ	1.0
水晶	6.7	シリカガラス	0.8

3.3.3.3　高分子材料

高分子絶縁材料は実用的には非常に重要で、広い用途に利用されており、多くの材料について絶縁破壊の強さが測定されています。**表 3.5** は各種の高分子絶縁材料の絶縁破壊の強さ、**図 3.11** は絶縁破壊の強さの温度特性です。

表 3.5　主な高分子材料の絶縁破壊の強さ

物質	絶縁破壊の強さ（$\times 10^6$ kV/mm）	物質	絶縁破壊の強さ（$\times 10^6$ kV/mm）
ポリエチレン	6.3	ポリメチルメタクリレート	10
ポリスチレン	7.0	ポリエチレンテレフタレート	6.5
ポリ塩化ビニル	3.5	ブチルゴム	1.2

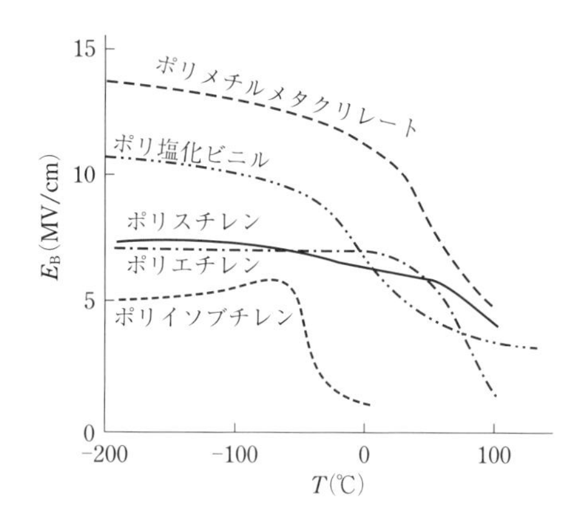

図 3.11　高分子絶縁材料の絶縁破壊の強さの温度特性

3.3.4 ポリエチレン、架橋ポリエチレンの絶縁破壊特性

ポリエチレン、架橋ポリエチレンは実用的に重要な高分子絶縁材料で、数多く研究が行われ、さまざまな実験データが報告されています。

3.3.4.1 ポリエチレンの製造法と分子構造

ポリエチレンの製造法は高圧法と中・低圧法に大別されます。**高圧法**は酸素や過酸化物等のラジカル開始剤を用い150 ~ 300 ℃の温度、1 ~ 3 × 10^8 Paの圧力下でエチレンモノマーを重合させる方法で、長い分岐をもったポリエチレン（低密度ポリエチレン /LDPE）が得られます。**中・低圧法**はチーグラー触媒、またはフィリップス触媒等を用い、50 ~ 250℃の温度、(5 ~ 20) × 10^6 Paの圧力下でエチレンモノマーを重合させる方法で、密度が高く構造が直鎖状のポリエチレン(高密度ポリエチレン /HDPE)が得られます。また、チーグラー触媒やフィリップス触媒等を用いてエチレンモノマーに少量のαオレフィンを共重合させる製造法もあり、この方法で製造したポリエチレンは直鎖状で短い分岐を有する構造のポリエチレンで、リニア低密度ポリエチレン（LLDPE）と呼ばれています。**表 3.6** はこれらの異なるポリエチレンの分子構造の特徴と密度および融点を示したものです。

表 3.6 ポリエチレンの分類と特性

種類	記号	重合法	分子構造	密度 (kg/m³)	融点 (℃)
高密度ポリエチレン	HDPE	中・低圧法	枝分かれ小	0.94－0.97	120－140
低密度ポリエチレン	LDPE	高圧法	枝分かれ大	0.91－0.93	105－120
リニア低密度ポリエチレン	LLDPE	中・低圧法	枝分かれ小	0.92－0.94	120－130

3.3.4.2 ポリエチレンと架橋ポリエチレンの絶縁破壊強度

図 3.11 に示すように、ポリエチレンの絶縁破壊の強さは低温側で高く、温度上昇に伴い低下することが確認されていますが、最近の研究によれば、**図 3.12** に示すように、絶縁破壊の強さは高温側で2段階の変化を示すことが明らかにされています。

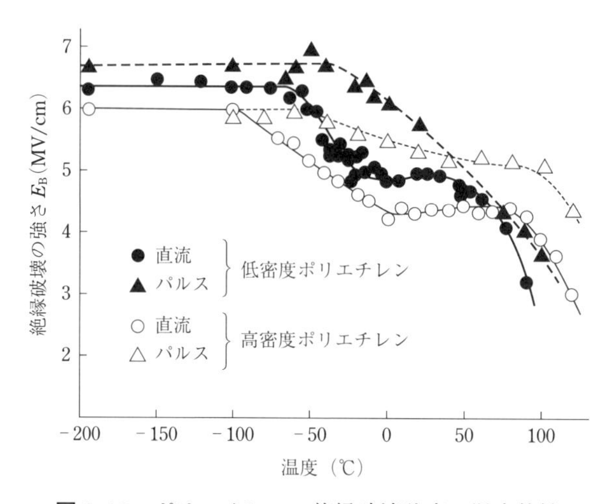

図 3.12　ポリエチレンの絶縁破壊強度の温度特性
（出典）長尾 ほか：「ガラス転移温度領域におけるポリエチレンフィルムの絶縁破壊」，電気学会論文誌 A，96 巻 12 号，p.605–611，第 3 図，電気学会，1976

また、**図 3.13** のように、ポリエチレンに雷インパルス電圧を印加したときの絶縁破壊の強さは密度の上昇とともに上昇することが確認されています。この結果は絶縁破壊の強さがポリエチレンの結晶構造と深い関わりを持っていることを示しています。

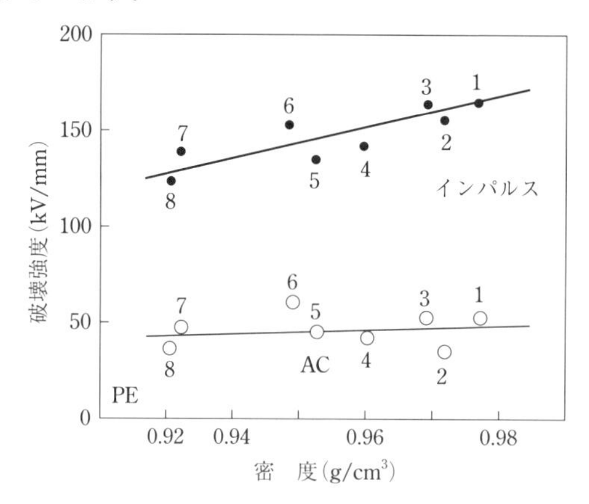

図 3.13　ポリエチレンの密度と絶縁破壊強度

架橋ポリエチレンは有機過酸化物などの触媒を利用してポリエチレンを架

橋した高分子ですが、架橋するとポリエチレンの分子構造が網目構造となるため、高温におけるヤング率が上昇し、耐熱変形性が向上します。また、この構造変化によって、高温領域における絶縁破壊の強さも非架橋ポリエチレンよりも上昇します。**図 3.14** は架橋ポリエチレンの絶縁破壊の強さを求めた実験データの例です。

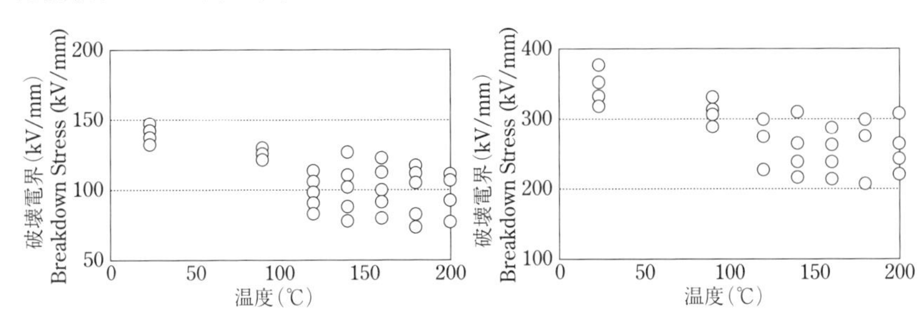

(a) 絶縁破壊の強さ（交流電圧課電下）　(b) 絶縁破壊の強さ（雷インパルス電圧課電下）

図 3.14　架橋ポリエチレンの絶縁破壊の強さ

（出典）中出ほか：「CV ケーブルの高温運転電気特性」，電気学会論文誌 B, Vol.121(1), p.109–114, (a)図 2, (b)図 3, 電気学会，2001

3.3.5　固体絶縁体の絶縁破壊の理論

固体絶縁材料の絶縁破壊現象を説明するため、様々な絶縁破壊理論が提案されてきました。これらの理論は材料固有の絶縁破壊の強さを説明するもので、材料内の欠陥を起点として生じる絶縁破壊を説明するものではありませんが、絶縁破壊現象を考察する際に参考になります。それらの理論を大別すればつぎのようになります。

①固体絶縁体内の電子が絶縁破壊の主な要因で、絶縁体に加えられる電気的ストレスによって増殖するキャリアの種類と増殖方式を考慮し、どのような条件の下で絶縁破壊が生じるかを検討した理論（電子的破壊理論）。

②高電界下において絶縁体内の熱バランスの不均衡から絶縁破壊が生じるという考え方に基づく理論（熱的破壊理論）。

③高電界下において機械的なフラクチャーが生じ、それが原因で絶縁破壊に至るという考え方の理論（機械的破壊理論）。

3.3.5.1　真性破壊理論

この理論では電界中で加速された電子が得るエネルギー(A)と、格子との衝突によって失うエネルギー(B)のバランスを考え、$A>B$ となる条件から、絶縁破壊を生じる電界 E を算出します。$A>B$ の条件の下で電子は加速され続けて電流が急増して絶縁破壊に至ります。平均的な 1 個の電子のエネルギーバランスを考える「単一電子近似」と、電子集団のエネルギー分布関数を考え、電子集団が電界から得るエネルギーと格子系に失うエネルギーのバランスを考える「集合電子近似」の二つの考え方があります。**図 3.15** は真性破壊理論の考え方を説明する図です。

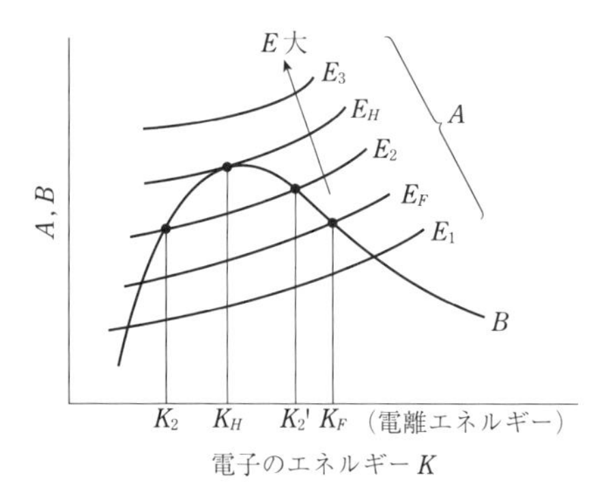

図 3.15　真性破壊理論の説明図

(出典) 河野照哉：新版 高電圧工学, p.69, 図 4.3, 朝倉書店, 1994

3.3.5.2　電子なだれ破壊理論

この理論は気体放電のストリーマ理論に似た理論です。厚さ d の固体があり、陰極から出た電子が電極間を走行する間に電離をくりかえし、全エネルギーが破壊に必要な値（電子密度：10^{12} 個 /cc）に達した時に破壊を生じるという理論です。この理論はマイカの破壊を説明できると考えられています。衝突電離の回数が 40 回必要との計算がされており「40 世代理論」ともいわれています。

3.3.5.3　ツエナー破壊理論

試料厚が薄い場合には、電子なだれの形成が難しく、破壊電界が極めて高くなりますが、このような高電界ではトンネル効果によって伝導電子が増加し、絶縁破壊が起きると考えられています。半導体のpn接合や薄膜の絶縁破壊を説明できると考えられています。

3.3.5.4　自由体積理論

高分子物質中に存在する自由体積が連続的に配列している場合、電界による電子の加速が有効に行われ、絶縁破壊の条件が成立するという理論で、高分子材料のガラス転移点付近の絶縁破壊を定性的に説明できるとされています。

3.3.5.5　熱破壊理論

高電界下では絶縁材料内を流れる伝導電流や誘電体損による発熱が起こり、材料中の温度が上昇します。発生した熱は熱放散により外部に放散され、両者のバランスで到達温度が定まりますが、発生する熱は電界に依存するので、最終的な到達温度も電界に依存します。電界の強さが大きい場合にこの両者のバランスが崩れ、温度が際限なく上昇し、絶縁破壊に至るとの理論が熱破壊理論です。この理論に基づく発生熱と放散熱のバランス条件は(3.4)式で与えられます。

$$C\mathrm{v}\left(\frac{\mathrm{d}T}{\mathrm{d}t}\right)-\frac{\mathrm{d}}{\mathrm{d}x}\left(\kappa\frac{\mathrm{d}T}{\mathrm{d}x}\right)=\sigma E^2 \tag{3.4}$$

ここで、$C\mathrm{v}$：単位体積の誘電体の熱容量、T：温度、t：時間、κ：誘電体の熱伝導率、σ：誘電体の導電率です。(3.4)式の左辺第1項は材料中に蓄えられる熱、第2項は放散熱、右辺はジュール発熱にそれぞれ対応する項です。交流、あるいは直流の一定電圧が十分長い間加わる場合には(3.4)式の第1項が省略できますが、これが**定常熱破壊**です。一方、雷インパルス電圧が印加される場合のように、極めて短時間に現象が起こる場合には、熱伝導による熱放散が実質的に発生しないので(3.4)式の第2項が省略できます。この場合を**インパルス熱破壊**と呼んでいます。この熱破壊理論は高温下で使用される材料の絶縁破壊に適用される理論です。実際の熱破壊は**図3.16**に示すように、熱放散の起こりにくい絶縁体内のホットスポットで破壊が始まり、次第に周囲に進展すると考えられます。

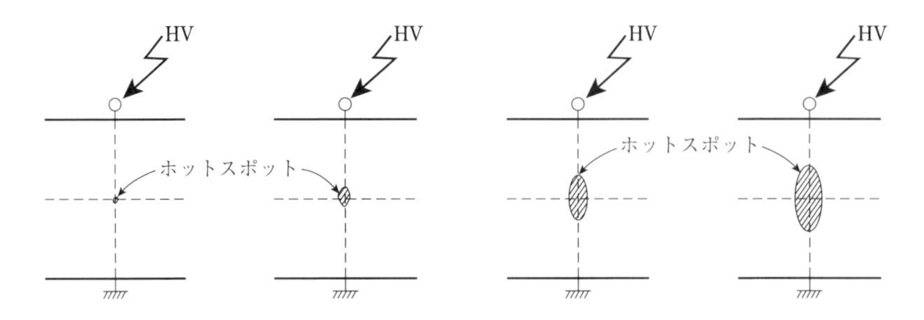

図 3.16 バルク絶縁体における熱破壊現象の進展

3.3.5.6　電気機械的破壊理論

高電界によって生じる機械的応力が固体を機械的に変形し破壊を引き起こすとの理論で、高温における熱可塑性高分子の絶縁破壊はこの機構で生じるとされています。

3.3.6　欠陥部に生じる材料の劣化現象

3.3.5.1 ～ 3.3.5.6 で説明した絶縁破壊理論は高電界下におけるエネルギーバランスや、熱の発生と放散のバランスを考慮して導かれた理論です。実際の電気機器で起こる絶縁破壊は絶縁体内部の欠陥部を起点として生じたり、欠陥部に生じる材料の劣化が原因で生じることが確認されています。絶縁破壊の原因となる劣化現象として、部分放電劣化、電気トリー劣化、水トリー劣化などが挙げられます。これらの劣化現象について説明します。

3.3.6.1　部分放電劣化

固体絶縁体の内部で生じる部分放電は、絶縁体内のボイドや、絶縁体と電極の境界面に空隙などが存在する場合に生じる放電です。部分放電が発生すると、放電の生じている空間内には自由電子、イオン、励起原子などの化学的に活性な粒子が数多く存在するようになり、それらの活性な粒子によって引き起こされる化学反応（放電化学反応）が絶縁体を劣化させます。ボイド放電が周囲の絶縁体を劣化させるメカニズムとしてつぎのような作用が考えられています。

① 荷電粒子の衝撃穿孔作用

放電空間中の荷電粒子が周囲の絶縁体表面に衝突し、穿孔（せんこう）の発生や分子鎖切断を生じさせる。

②局部的温度上昇

ボイド放電によって固体の溶解、化学的分解が起こる。10 pC の放電パルスが 5×10^{-11} cm^3 の部分に印加されたとき、温度上昇は平均で 170 ℃、最大で 1000 ℃にも及ぶと推定されている。

③化学反応

放電によって生じた活性酸素やオゾン、酸化窒素などによる放電化学反応により固体絶縁材料を変質させる。

上記①、②、③のような作用により、ボイド放電に長時間さらされた周囲の固体絶縁体はボイドの壁面に凹凸を生じ、その凹凸がつぎの 3.3.6.2 で説明する電気トリーに発展し、やがて絶縁破壊に至ると考えられています。**図 3.17** は部分放電劣化からトリーの発生までの過程を説明するイラストです。

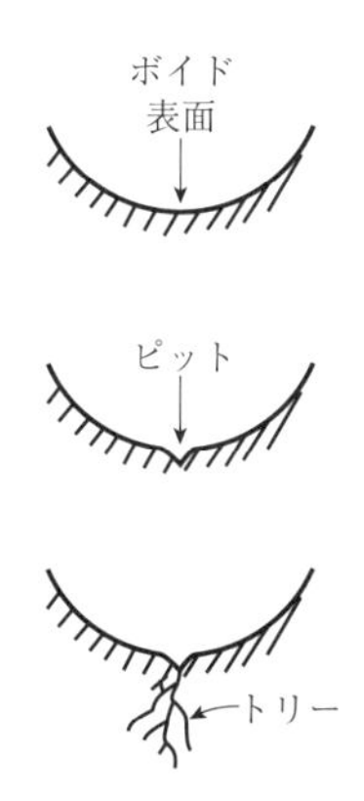

図 3.17　部分放電劣化の進行

3.3.6.2　電気トリー劣化

電気トリーは絶縁体中に生じる樹枝状の劣化で、厚肉絶縁体の絶縁破壊の重要な原因です。電極と絶縁体の境界面の突起や絶縁体中の異物などの欠陥部に電気トリーが発生することが実験で確認されています。**図 3.18** は絶縁体内の異物や突起部に発生した電気トリーの例です。**図 3.18** の写真に示すような電気トリーが発生すると、それが進展して絶縁破壊に至ることが確認されています。

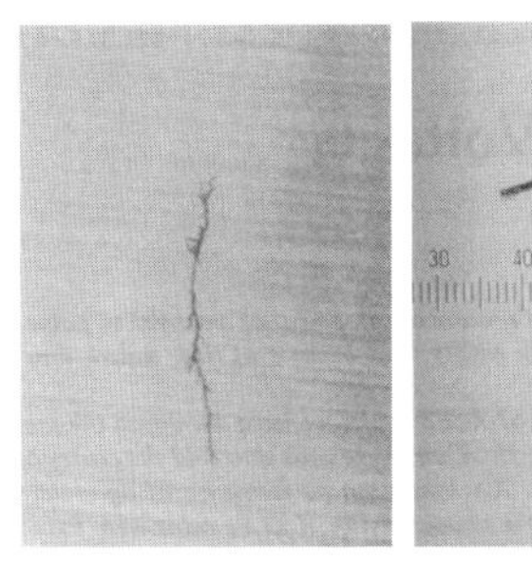
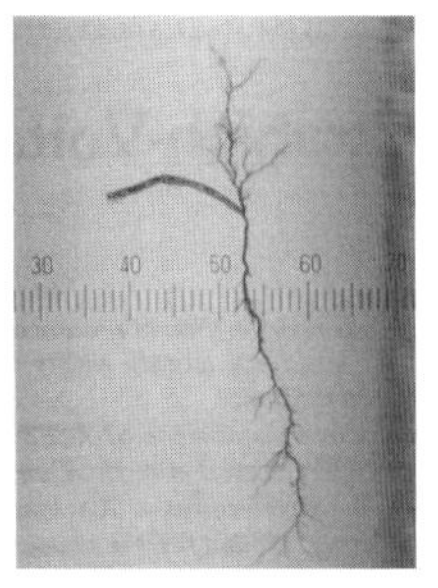

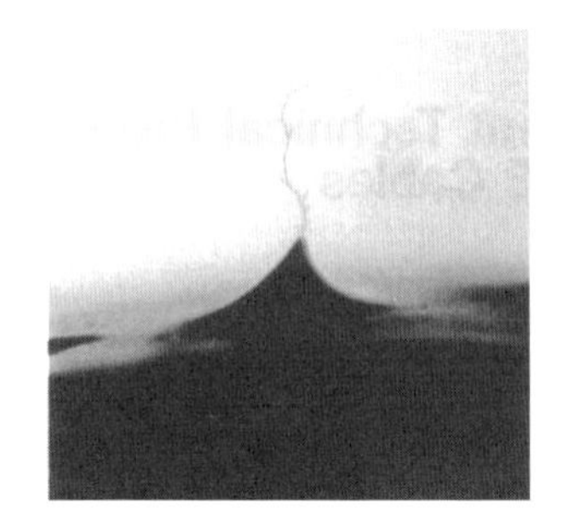

図 3.18　絶縁体内の異物やケーブル半導電層上の突起に生じた電気トリー

3.3.6.3　水トリー劣化

水トリーは水に接する状態の絶縁体に電界が加わる場合に生じる劣化で、形状が電気トリーに似ているため「水トリー」とよばれていますが、電気トリーと異なる劣化現象です。水トリーは比較的低電界下で絶縁層と電極の界面や絶縁層中のボイド、異物などに生じます。水トリーが生じるとそれが起点となって電気トリーを生じ、絶縁体を破壊に至らせることが確認されています。

図 3.19 は架橋ポリエチレンケーブルの半導電層上の欠陥部に生じた水トリー、**図 3.20** は水トリーの先端に発生した電気トリーの例です。

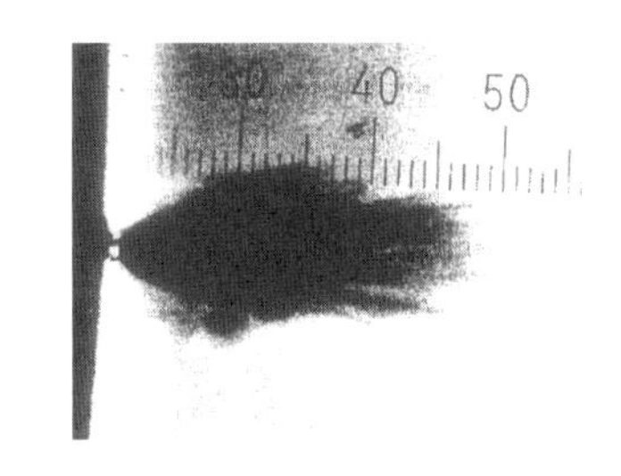

図 3.19　ケーブル半導電層上の突起に生じた水トリー

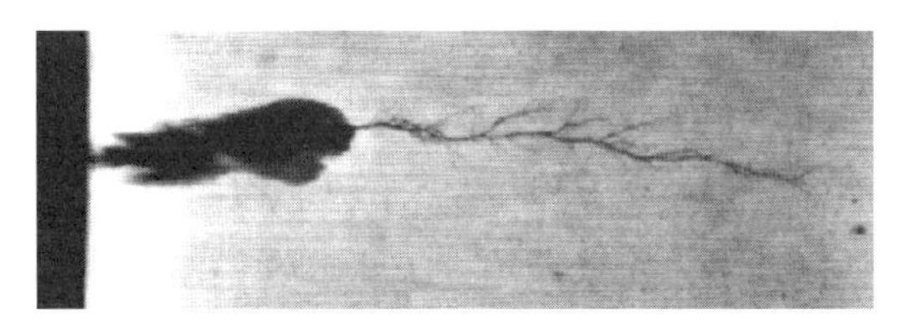

図 3.20　水トリーの先端に発生した電気トリー

第4章　複合絶縁体の放電現象

4.1　複合絶縁体

固体と気体、固体と液体、液体と気体など2種類以上の異なる絶縁体の組み合わせからなる絶縁体が**複合絶縁体**です。複合絶縁体の具体例として、① 油浸紙絶縁、②スペーサを有する SF_6 ガス絶縁システム、などが挙げられます。複合材料（composite insulation）もミクロに見た場合には複合絶縁体と考えることができます。2種類以上の異なる絶縁体を使用する場合には個々の絶縁体の誘電率 ε や絶縁破壊の強さが異なり、電界分布も複雑となるため特有の放電現象が起きます。

第4章

4.2　複合絶縁体内の電界分布

複合絶縁体内の電界分布の例として二層誘電体と固体絶縁体内のボイドの電界分布を調べてみます。

4.2.1　二層誘電体

図4.1のような均一電界内の二層誘電体を考え、それぞれの厚さを d_1、d_2、誘電率を ε_1、ε_2 とし、印加電圧を V とすると、各層に加わる電界の強さ E_1、E_2 は（4.1）式、（4.2）式で与えられます。

$$E_1 = \frac{\varepsilon_2}{\varepsilon_1 d_2 + \varepsilon_2 d_1} \times V \qquad (4.1)$$

$$E_2 = \frac{\varepsilon_1}{\varepsilon_1 d_2 + \varepsilon_2 d_1} \times V \qquad (4.2)$$

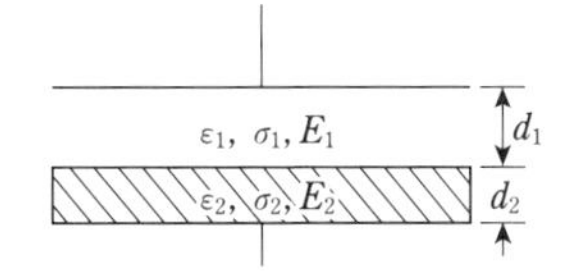

図4.1　二層誘電体のモデル

各層の絶縁破壊強度を E_{s1}, E_{s2} とすると、$\varepsilon_1 E_{s1} < \varepsilon_2 E_{s2}$ ならば、$\dfrac{E_1}{E_{s1}} > \dfrac{E_2}{E_{s2}}$ となり、第１層の方が先に絶縁破壊します。直流電圧が加わる場合には、電圧印加直後は上記（4.1）式、（4.2）式 の電界が加わりますが、定常状態の各層の電界は、それぞれの層の導電率を σ_1、σ_2 とすると（4.3）式、（4.4）式で与えられます。

$$E_1 = \frac{\sigma_2}{\sigma_1 d_2 + \sigma_2 d_1} \times V \tag{4.3}$$

$$E_2 = \frac{\sigma_1}{\sigma_1 d_2 + \sigma_2 d_1} \times V \tag{4.4}$$

この場合、$\sigma_1 E_{s1} < \sigma_2 E_{s2}$ ならば $\dfrac{E_1}{E_{s1}} > \dfrac{E_2}{E_{s2}}$ となり、第１層の方が先に絶縁破壊します。

4.2.2　ボイド

ボイドは固体絶縁体および液体絶縁体の内部に存在する微小な空隙部です。ボイドの形状は種々様々ですが、その典型的な例は**図 4.2** に示すような形状です。図に示すボイドのうちの薄層ボイドと球状ボイド内の電界は、以下のように表せます。

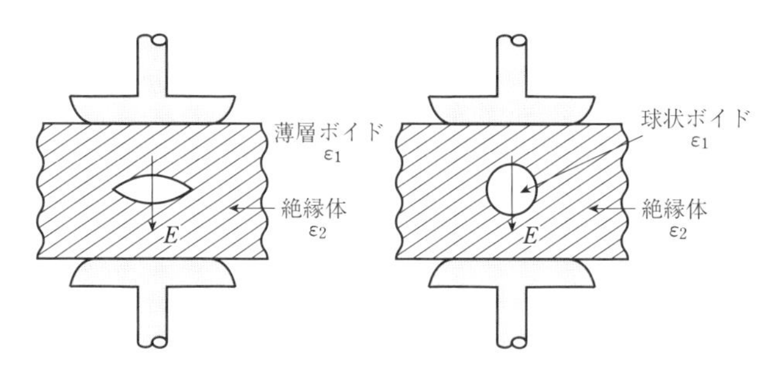

図 4.2　単純な形のボイドによる複合絶縁体
（出典）家田正之編著：現代 高電圧工学, p64, 図 2.67, オーム社, 1981

4.2.2.1　薄層ボイド

図 4.2 の薄層ボイドの場合、前記（4.1）式で $d_2 \gg d_1$、となり、$E = \dfrac{V}{d_2}$ と考えれば、ボイドに加わる電界 E_1 は

$$E_1 = \frac{\varepsilon_2}{\varepsilon_1} \times E \tag{4.5}$$

と表せます。ここで、ε_1 は固体絶縁体の比誘電率（>1）、ε_2 はボイドの比誘電率（=1）です。通常は $\varepsilon_1>1$、$\varepsilon_2=1$ ですので、$E_1=\varepsilon_2 E>E$ となり、薄層ボイド内の電界は固体絶縁物の ε_2 倍となります。

4.2.2.2　球状ボイド

図 4.2 中、球状ボイドの場合には、ボイドに加わる電界 E_1 は

$$E_1 = \frac{3\varepsilon_2}{\varepsilon_1 + 2\varepsilon_2} \times E \tag{4.6}$$

と表せます。この場合、E_1 が最も小さくなるのは $\varepsilon_2 \gg \varepsilon_1$ の場合ですが、その場合でも、$E_1 = \frac{3}{2}E$ となり、ボイド内の電界は固体絶縁物中の電界 E よりも高くなります。

4.2.3　三重点

図 4.3 のように、導体と誘電率の異なる二つの絶縁体が一点で交わる点が**三重点**です。二つの絶縁体の誘電率を ε_1、ε_2 とし（$\varepsilon_1<\varepsilon_2$）、$\varepsilon_1$ の誘電率を有する絶縁体と金属導体のなす角度 θ が $\theta<90^\circ$ の場合、三重点の電界強度は無限大となるので、低電圧の下でも三重点で放電が発生する可能性があります。このため、三重点を含む複合絶縁体では三重点の近傍に遮へい電極などを設けて電界の強さが大きくならないようにする必要があります。

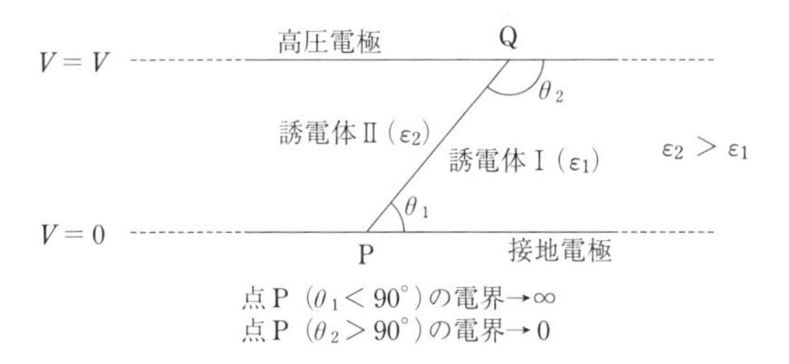

図 4.3　三重点の電界

4.3 複合絶縁体の放電現象

複合絶縁体の放電で重要なものは**部分放電**と**沿面放電**です。これらについて説明します。

4.3.1 部分放電

固体絶縁体と液体絶縁体、あるいは固体絶縁体と気体絶縁体からなる複合絶縁体では、固体絶縁体に比べて絶縁破壊の強さが小さい気体絶縁体、あるいは液体絶縁体に加わる電界が絶縁破壊を生じる電界に達すると、その部分で放電が発生します。この場合の放電は電極間が橋絡しないで電極間の一部で放電が生じる**部分放電**です。部分放電は**図 4.4** に示すようにさまざまな発生の形態があり、放電が発生する場所により、沿面放電、空げき放電、ボイド放電などに分かれます。

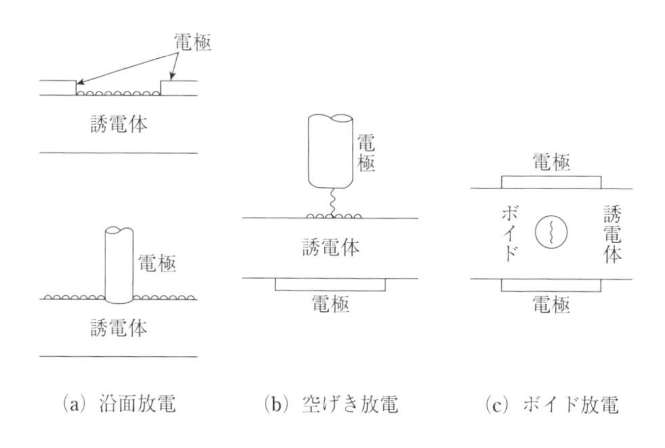

図 4.4 種々の部分放電

(出典) 平井ほか共編：大学課程 電気電子材料 (改訂 第2版第1刷), p22, 図 1.16, オーム社, 1980

気体絶縁体と固体絶縁体からなる二層絶縁体においては、一般に、固体の絶縁破壊の強さ E(solid) が気体の絶縁破壊の強さ E(gas) より大きいので、気体の部分で絶縁破壊が起こります。**図 4.5** は固体絶縁体の絶縁破壊試験に用いられる電極の端部ですが、高電圧電極の端部の空気層で絶縁破壊が起きます。

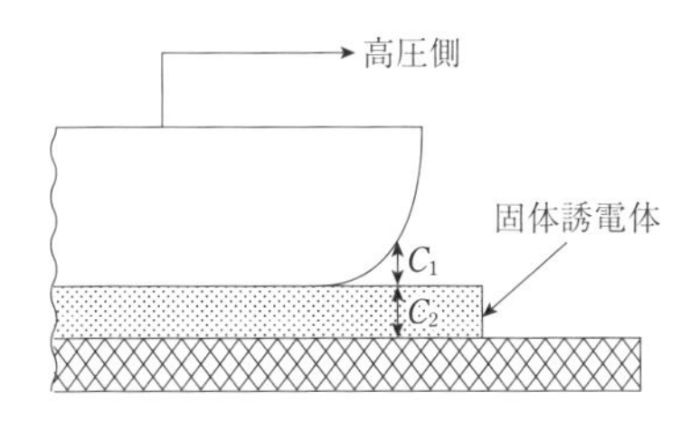

図 4.5 電極端部における部分放電

図 4.1 に示した二層誘電体の電界の計算結果を当てはめて求めてみることにします。電極端部のエアギャップに加わる電界を E_a、固体絶縁体試料に加わる電界を E_s、エアギャップの厚さを d、試料の厚みを D、比誘電率を ε とします。エアギャップの比誘電率が 1 であることを考慮すれば、**図 4.5** の電極端部のエアギャップと固体絶縁体試料に（4.1）式と（4.2）式を適用すると、E_a と E_s はつぎのように表せます。

$$E_a = \frac{\varepsilon}{D+\varepsilon d} \times V \tag{4.7}$$

$$E_s = \frac{1}{D+\varepsilon d} \times V \tag{4.8}$$

したがって、エアギャップに加わる電圧 V_a は

$$V_a = E_a \times d = \frac{\varepsilon}{D+\varepsilon d} \cdot V \times d \tag{4.9}$$

となります。厚さ D と誘電率 ε の比を $\tau = \dfrac{D}{\varepsilon}$ とすると、エアギャップの分担電圧 V_a と印加電圧 V の関係を表す式は（4.10）となります。

$$V = V_a \left(1 + \frac{\tau}{d}\right) \tag{4.10}$$

4.3.2　沿面放電

沿面放電は固体絶縁体と気体絶縁体からなる複合絶縁体で、絶縁体の境界面に沿って生じる放電です。沿面放電の研究は**図 4.6** のような電極を用いて古くから行われてきました。

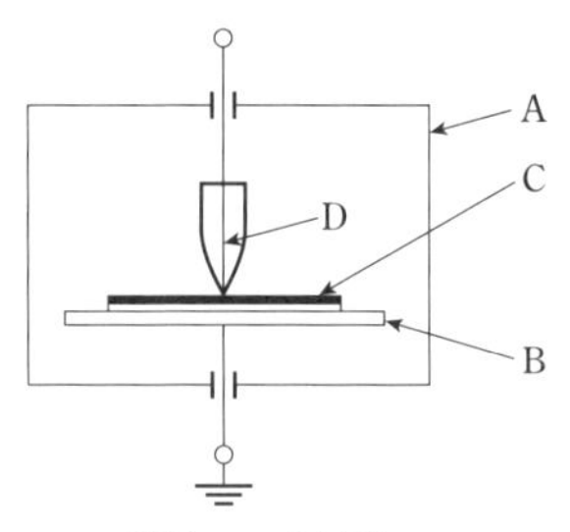

図 4.6　リヒテンベルグ図形を得る装置

（出典）家田正之編著：現代 高電圧工学，p65，図 2.68，オーム社，1981

図 4.6 のような電極を用いて沿面放電を発生させた場合、放電による発光により写真乾板上に**図 4.7** のような図形が得られます。これが**リヒテンベルグ図形**です。

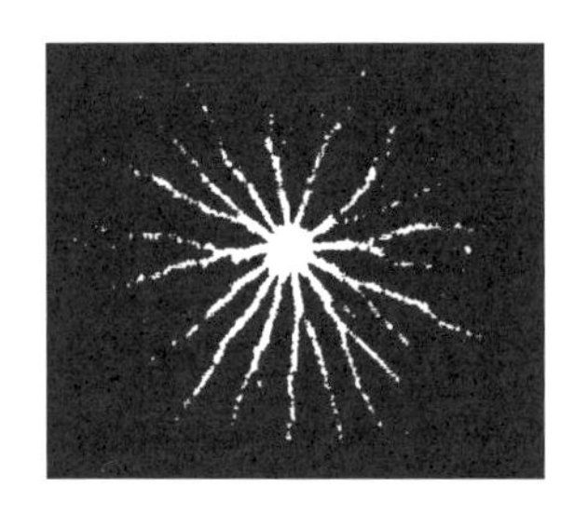

(a) 針電極が正極性のときの写真

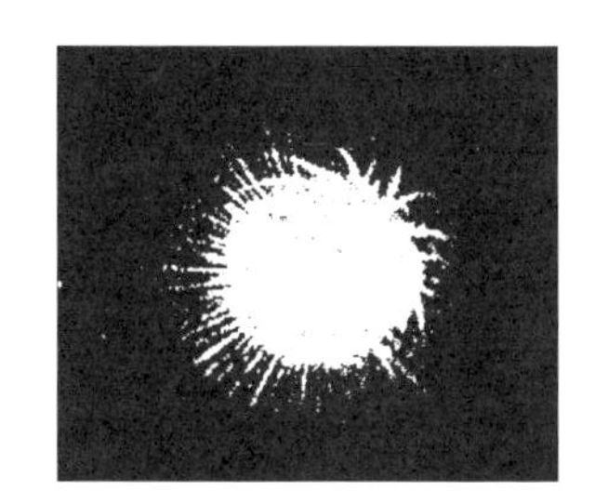

(b) 針電極が負極性のときの写真

図 4.7　リヒテンベルグ図形

（出典）家田正之編著：現代 高電圧工学，p66，図 2.69，オーム社，1981

4.3.2.1　沿面放電の観察

沿面放電は発光を伴いながら進展し、そのあとには電荷が残るので発光や電荷の痕跡を可視化して観察することによって放電図形が得られます。発光の痕跡を写真に撮影したものが、**図 4.7** のリヒテンベルグ図形です。電荷の痕跡はトナーなどの粉末を散布して観察することができます。これが**ダストフィガー**です。**図 4.8** は沿面放電のダストフィガーの例です。

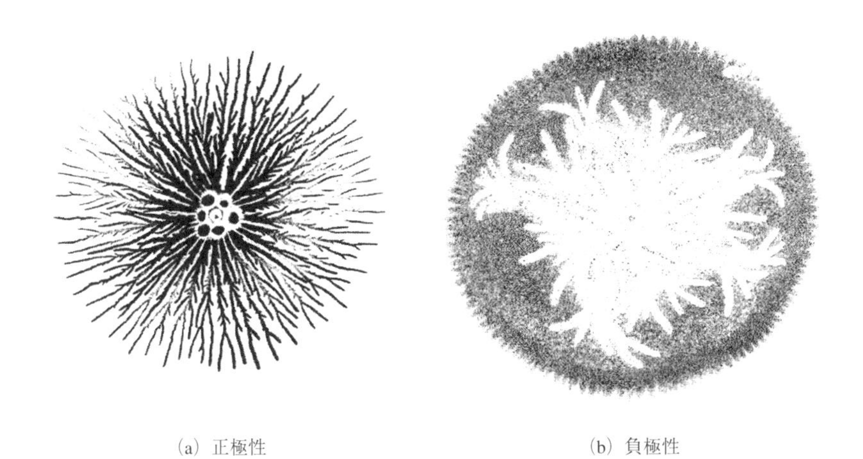

(a) 正極性　　(b) 負極性

図 4.8　ダストフィガー
(出典) 電気学会技術報告 No.892「沿面放電に関する最新の研究と絶縁技術」, 図 2.3, 電気学会, 2002

4.3.2.2　沿面放電の特徴

図 4.9 は固体絶縁体が空気に接する場合の複合絶縁体で、**(a)**は電気力線が固体絶縁体の表面に平行で、固体絶縁体の背後電極がない場合、**(b)**は固体絶縁体の背後に電極が存在し、電気力線が固体絶縁体の表面に垂直に交わる成分のある場合です。実際の機器では**(a)**は導体を支持するスペーサ表面の沿面構造に対応しており、**(b)**はケーブルの端末部やブッシングの沿面構造に対応しています。

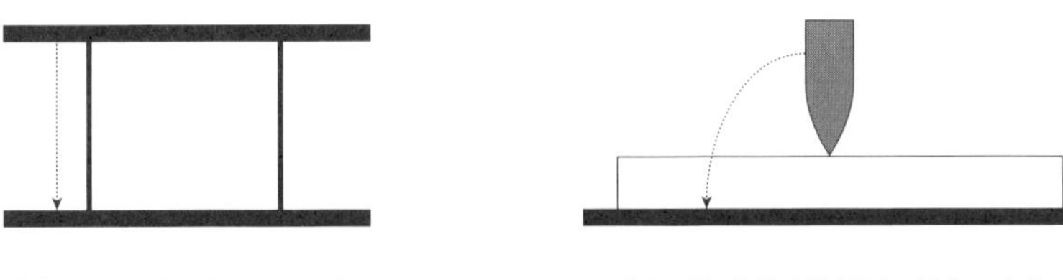

(a) 電気力線が境界面に平行　　(b) 電気力線が境界面に鉛直に交差

図 4.9　境界面と電気力線の方向

図 4.9 (a) の場合には電界の強さがどの位置でもほぼ同じで、フラッシオーバ電圧は比較的高い値となります。これに対して、**図 4.9 (b)** は電極の先端

部の電界強度が強いため、電気力線の方向に力を受けイオンが固体表面に付着しやすいため放電が伸びやすく、比較的低い電圧で放電が電極間を橋絡する沿面フラッシオーバが生じます。また、極性効果が表れ、正極性の電圧を印加した場合には負極性の電圧を印加した場合より放電が伸びやすいという現象が見られます。これは正ストリーマと負ストリーマの進展性の違いによると説明されています。

4.3.2.3　沿面放電の進展メカニズム

図 4.10 は沿面放電が進展しているときの状態を示す図です。沿面放電の先端部では電離が盛んに行われ、電子なだれが生じており、その後方にはプラズマ状態の部分が存在します。電子なだれとその後方の部分が沿面ストリーマです。ストリーマの後方のリーダは導電性の大きなプラズマ状態の部分です。

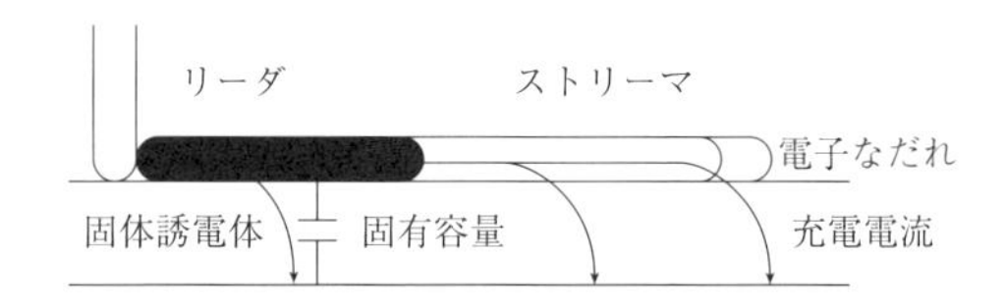

図 4.10　進展する沿面放電のストリーマとリーダ
（出典）電気学会放電ハンドブック出版委員会編：放電ハンドブック上巻, p316, 図 5.3, 電気学会, 1998

沿面放電は固体絶縁体に接しながら進展しますが、その際に背後電極に大きな充電電流が流れます。リーダを含む沿面放電のストリーマの長さを L、印加電圧を V とするとストリーマの長さ L は印加電圧 V に比例して増大し、L と V の関係はつぎの式で表されます。

$$L\,[\mathrm{mm}] = aV\,[\mathrm{kV}]$$

4.3.2.4　沿面放電の進展特性

平板電極上に厚さ d の固体絶縁体を置き、その上に針電極を配置した**図 4.11** の実験系を用い、針電極に雷インパルス電圧を印加して沿面放電を発生させ、そのとき得られたダストフィガーを基に、印加電圧 V と図形の大きさ（電荷図の長さ）の関係を求めた結果が**図 4.12** です。これより、正極

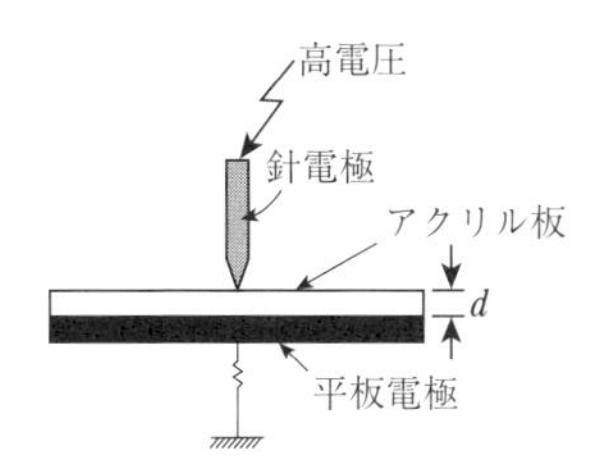

図 4.11　針－平板電極

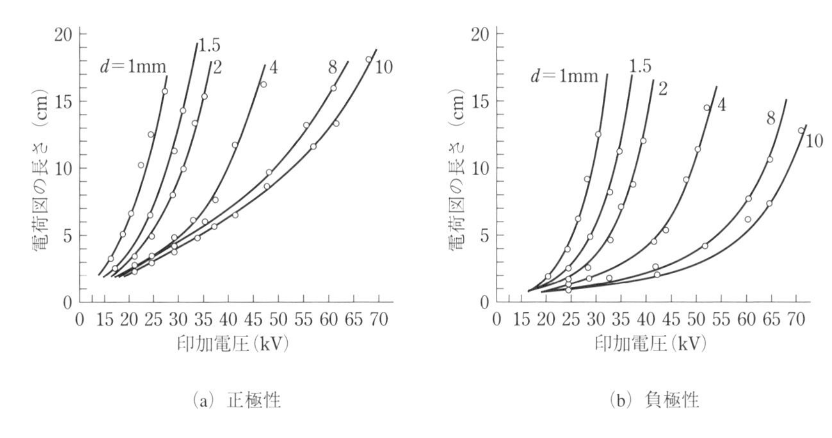

図 4.12　印加電圧と沿面ストリーマ

（出典）電気学会放電ハンドブック出版委員会編：放電ハンドブック上巻，p319，図 5.12，電気学会，1998

性の沿面放電の方が負極性の沿面放電よりも伸びやすいことが分かります。**図 4.13** は円筒型の絶縁体を用いて、インパルス電圧を印加したときに得られた沿面フラッシオーバ特性です。印加電圧の大きさがある値以上となると、リヒテンベルグ図形の先端部にコロナ放電が発生するようになります。これが**沿面ブラシコロナ**です。**図 4.13**(**a**)に示した Vg はこの沿面ブラシコロナを生じる電圧、lg は Vg に対応する沿面距離です。**図 4.13**(**b**)のような構成で、背後電極がない場合（b=0）にはフラッシオーバ電圧が沿面距離 l とともに増大しますが、背後電極がある場合には放電が伸びやすく、フラッシオーバ電圧は沿面距離 l の増加につれて飽和の傾向を示します。$b=\infty$ の場合、V と l の間の関係を表すつぎの実験式（4.11）、（4.12）が得られています。式中の C（F/m^2）は単位面積当たりの静電容量です。

$$V=\frac{K_{\pm}}{\sqrt[8]{C^3}}\cdot\sqrt[4]{l}\ (K_{+}\simeq 73.6,\ K_{-}\simeq 74.25) \tag{4.11}$$

$$V=\frac{K_{d\pm}}{\sqrt[5]{C^2}\cdot\sqrt[20]{\frac{\mathrm{d}V}{\mathrm{d}t}}}\cdot\sqrt[4]{l}\ (K_{d+}\simeq 135.5,\ K_{d-}\simeq 139.5) \tag{4.12}$$

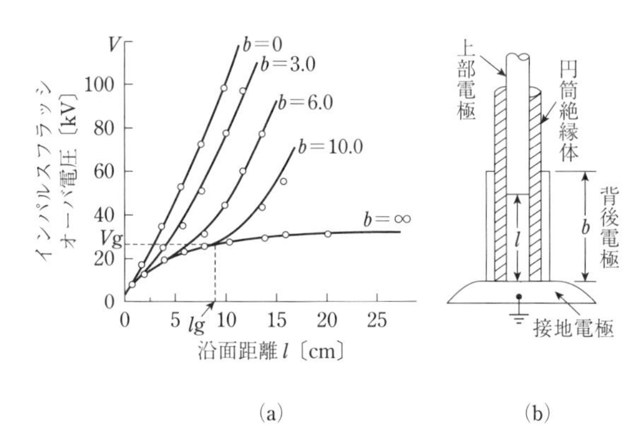

図 4.13　インパルス電圧に及ぼす電極配置の影響

（出典）家田正之編著：現代 高電圧工学，p67，図 2.71，オーム社，1981

4.3.2.6.　沿面フラッシオーバ特性の改善方法

ガス絶縁方式を採用した高電圧機器では、導体を支持する固体絶縁体のスペーサを用いることが普通ですが、そのような機器では沿面フラッシオーバ特性の向上策としてつぎのような工夫がなされています。

①**図 4.14**(**a**)のように固体絶縁物にひだを設ける。

②**図 4.14**(**b**)のように固体絶縁体に埋め込み電極を設けて金属電極とスペーサの接触点 d の電界を低下させる。

③ 接触角（θ）を 90 度以上にして三重点の電界の強さを弱める。

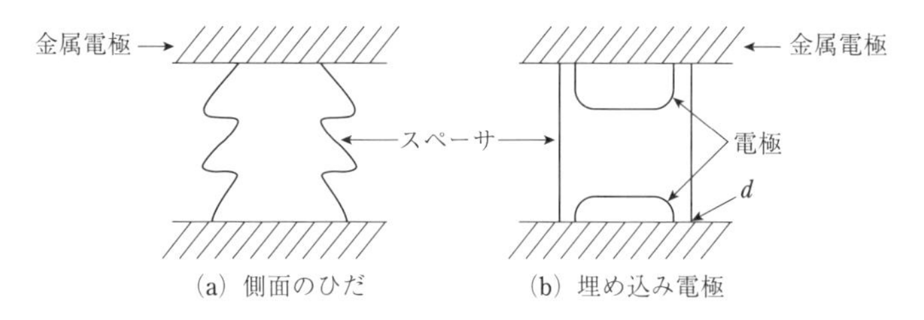

図 4.14　沿面絶縁耐力の向上策

図4.15(a)のようなケーブル端末部やブッシングなどでは、背後電極の影響によって沿面距離を長くしてもフラッシオーバ電圧を上昇させることが期待できないので、**図4.15**(b)に示すようにつばを設けたり、**図4.15**(c)に示すように静電遮へいを行って端部の電界を緩和させ、フラッシオーバ電圧の低下を減らす方法が採用されています。

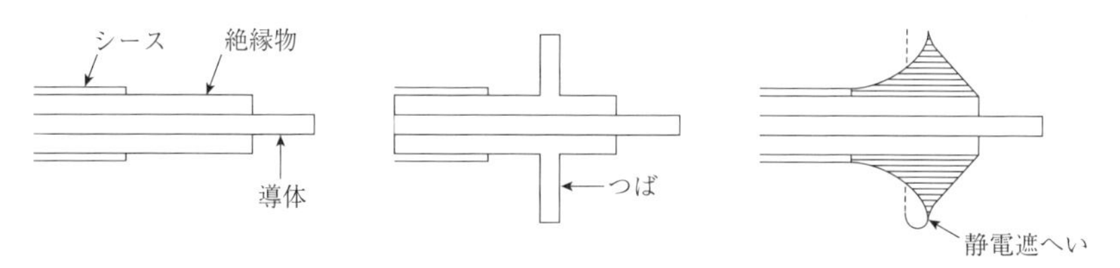

図4.15 ケーブル端末の沿面放電対策

4.3.3 ボイド放電

4.3.3.1 ボイドとボイド放電

固体絶縁体の内部にボイドが存在する場合、ボイドの部分は周囲の固体絶縁体に比べて電界強度が高く、しかも、絶縁耐力が低いので、高電圧が加えられた場合、ボイド部分で放電が発生します。これが**ボイド放電**です。

4.3.3.2 ボイド放電の等価回路

ボイドを有する固体絶縁物の等価回路は、**図4.16**に示すように3つの静電容量(C_g、C_d、C_0)と火花ギャップg(放電電圧v_g)からなる等価回路で表されます。図に示す静電容量C_g、C_d、C_0はそれぞれ次のような静電容量です。

C_g:ボイド部分の静電容量

C_d:C_gと直列部分の固体絶縁体の静電容量

C_0:C_gと並列部分の固体絶縁体の静電容量

(通常はC_0はC_gやC_dよりもはるかに大きく$C_0 \gg C_g$、C_dが成り立っており、$C_g \gg C_d$も成り立っています)

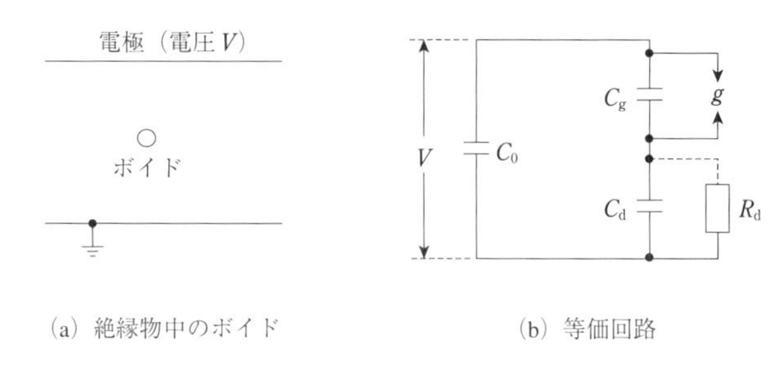

図 4.16　ボイドを有する絶縁物の等価回路

4.3.3.3　ボイド放電の放電電荷量と放電エネルギー

ボイドを含む絶縁体に交流電圧 V が印加された場合、ボイド放電が起こらなければ**図 4.16** のボイド端 C_g の電圧は**図 4.17** の点線の $a \cdot V$ となります。ボイド端 C_g の電圧が v_g に達すると放電が起こり、電圧が v_r まで降下します。印加電圧の上昇につれてボイド端の電圧は再び上昇し、v_g に達すると再び放電が起こります。V が波高値に達した後、電圧は減少し、逆極性の放電電圧 v_g' に達すると、逆極性の放電を生じます。このような過程が繰り返され、正負極性の繰り返しパルス電圧を発生させます。

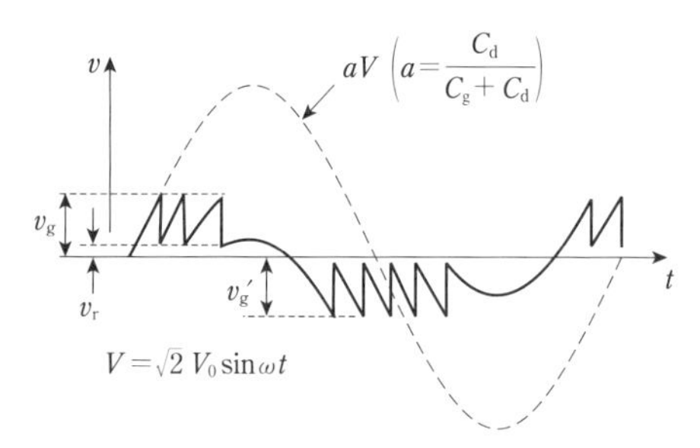

図 4.17　**図 4.13** の等価回路の C_g 間電圧

ボイド放電の放電電荷量を Q、放電エネルギーを W とすると、Q、W は次のようになります。

$$Q = C_e\,(v_g - v_r) \tag{4.13}$$

$$W = C_e \frac{(v_g{}^2 - v_r{}^2)}{2} \tag{4.14}$$

ここで、C_e は g と並列の静電容量で次式で与えられます。

$$C_e = C_g + \frac{C_d C_0}{C_d + C_0} \tag{4.15}$$

(4.13) 式の Q は真の放電電荷ですが、これは外部からは測定できません。測定できるのは試料全体の電圧変化 ΔV です。これに対応する電荷量 Q_a は見掛けの放電電荷量で次の式で与えられます。

$$Q_a = \left(C_0 + C_g \frac{C_d}{(C_g + C_d)}\right) \cdot \Delta V \tag{4.16}$$

$$= \left(C_0 + C_g \frac{C_d}{(C_g + C_d)}\right) \times \left(\frac{C_d}{(C_d + C_0)}\right) \cdot (v_g - v_r)$$

$$= \frac{C_d}{(C_g + C_d)} \cdot Q$$

$$= a \cdot Q \tag{4.17}$$

$C_g \gg C_d$ のときには Q_a は Q よりはるかに小さく、(4.16) 式より放電エネルギー W は次のように表されます。

$$W = Q \cdot \frac{(v_g + v_r)}{2} = Q_a \cdot \frac{(v_g + v_r)}{2a} \tag{4.18}$$

ボイド放電の測定では、放電の発生に伴って試料端 C_0 に生じる電圧変化 ΔV を結合コンデンサー C_k を介して検出します。

第5章　高電圧の発生および測定

高電圧機器における絶縁材料としての気体、液体および固体の電気伝導現象や絶縁破壊現象の解析においては、高電圧を発生させ、これらの特性を測定する必要があります。また、高電圧の発変電機器や送配電機器の開発や製造出荷の際においても、交流、直流およびインパルスの高電圧を機器に印加して、それらの電圧に対する性能を確認する耐電圧試験があります。さらに、使用中における不具合や故障の未然防止の観点から、高電圧を印加して異常の有無を検出する非破壊試験があります。これらの試験において必要な高電圧発生方法、および高電圧測定方法について、本章で述べます。

5.1　交流高電圧の発生

電力の発生、輸送に用いられる発変電機器や送配電機器に対して、開発時および出荷時に交流試験が実施されています。この試験は、耐電圧試験や絶縁特性測定で、試験対象機器の定格電圧より高い電圧が通常必要です。一方、その試験時間は短時間です。したがって、これらに用いられる変圧器は試験用変圧器と呼ばれ、発生電圧が高く、その発生時間が短時間の仕様となります。

試験電圧がさらに高くなると、試験用変圧器を複数台使用して、高電圧２次側を直列状に接続し、試験電圧に対応する高電圧を発生させる場合もあります。これはカスケード接続と呼ばれ、広く活用されています。また、試験対象機器が電力ケーブルなどのような容量性の場合、その静電容量と別途試験用に配置したインダクタンスを直列共振させる直列共振型高電圧発生器も実用化されています。

5.1.1　試験用変圧器

高電圧機器の交流試験に用いられる試験用変圧器には次のような特徴があります。

- 試験時間は通常短いので、短時間定格の仕様である。
- 発生電圧は試験対象機器の定格より高い電圧が必要である。

・電流容量は対象機器絶縁部に対する充電電流なので、実運転時より比較的少ない電流である。
・いろいろな定格電圧の機器に適用できるように、出力電圧は変化可能なことが必要で、1次側入力電源回路に誘導電圧調整器などが配備されている。
・部分放電の有無を測定する試験用変圧器では、試験電圧発生時に変圧器自体から部分放電が発生しないとの制約も必要である。

一次入力最高電圧が3.3 kVで、二次発生最高電圧が350 kVの試験用変圧器のイメージ図を**図5.1**に示します。このような変圧器で発電機、ケーブルまたはコンデンサなどに対して、高電圧を所定の時間印加し、耐電圧性能を試験するとともに、異常の有無を判断する非破壊試験を実施します。

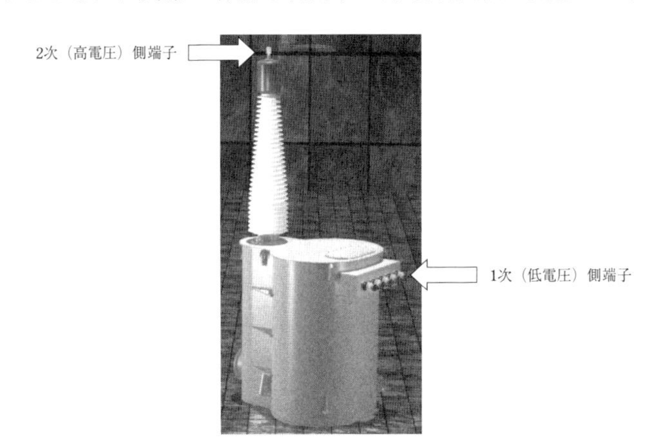

図5.1　試験用変圧器（350 kV、700 kVA）
（イラスト提供：東京変圧器株式会社）

5.1.2　試験用変圧器のカスケード接続

電力機器は高電圧から超高圧の系統で使用されます。そのため、送配電機器の試験では、さらに高い試験電圧を印加する必要があります。このような場合、2台以上の試験用変圧器を**図5.2**に示すようにカスケード接続する方法があります。これは仕様が同じ試験用変圧器を2台使用して、2倍の電圧を発生させる例です。同様に、3台使用して3倍の電圧を発生させることも可能です。一方、1台の変圧器で2,000 kVを発生させる試験用変圧器も開発され、実使用されています。その試験用変圧器の外観と電力ケーブルの試験状況を**図 5.3** に示します。この試験用変圧器の出力部はコンパクトなガス絶縁タイプであり、試験場の省スペースや安全性を高めることができます。

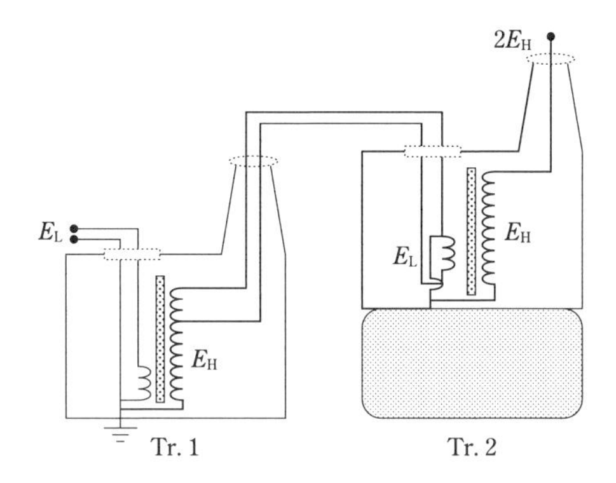

図 5.2　試験用変圧器のカスケード接続

図 5.3　ガス絶縁型 2000 kV 試験設備
（写真提供：昭和電線電纜株式会社）

5.1.3　直列共振型試験用変圧器

電力機器を布設後、現地で交流試験を実施する場合、大型で重量な変圧器を現地に搬入するのは困難な場合があります。このような場合にも適用可能な可変リアクトルを主機器とした直列共振型試験用変圧器が開発され、特に海外において多く使用されています。その原理を**図 5.4** に示します。供試体としては等価回路的に静電容量の場合が多くあります。この供試体の静電容量と可変リアクトルを直列に接続し、可変リアクトルのインダクタンスや電源周波数を調整して直列共振を取ります。共振が取れると、供試体には高電圧が印加できます。この方法は供試体の静電容量を利用するため、試験装置がコンパクトになる利点があります。

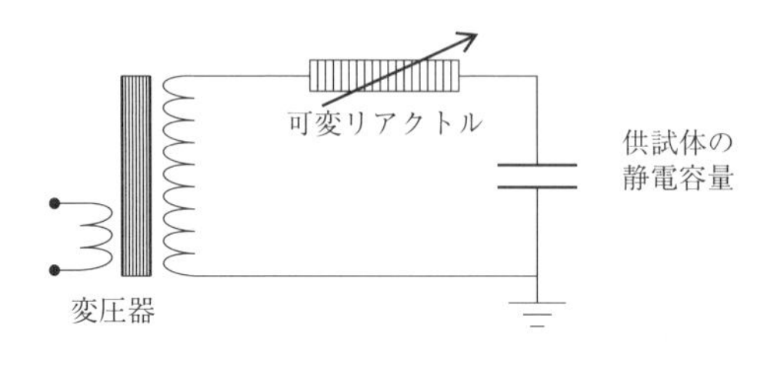

図 5.4　直列共振型変圧器

5.2　直流高電圧の発生

電力機器の多くは交流機器です。しかし、電力ケーブルなどの現地竣工時における耐電圧試験や定期的な点検検査の絶縁特性測定において、試験電源設備の簡便さにより直流高電圧が多く用いられています。また、超高圧直流送電の実用化に伴い、各種直流機器の高電圧試験も実施されています。このような場合の直流電圧発生には、多段直列整流回路や、さらに高い電圧を発生させるために工夫されたコッククロフトーウォルトン回路が用いられています。

5.2.1　多段直列整流回路

直流高電圧発生では**図 5.5** に示すように高耐圧整流素子 D（スタック）を直列に複数個接続し、その各々のスタックと並列に分圧用静電容量 C が接続されています。この静電容量 C は浮遊容量 C_s の影響を防止して、各ダイオード D の分担電圧を均一化する役割をしています。

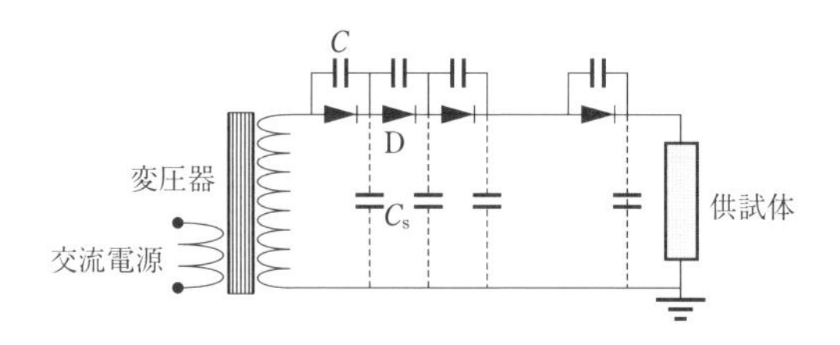

図 5.5　ダイオード多段直列整流回路

5.2.2　倍電圧整流回路

ダイオードとコンデンサを組み合わせて2段にすると、**図 5.6** のように変圧器の出力電圧の波高値の約2倍の電圧が発生できる回路となります。これが倍電圧整流回路で、直流高電圧を簡易に得ることができるため、広く利用されています。

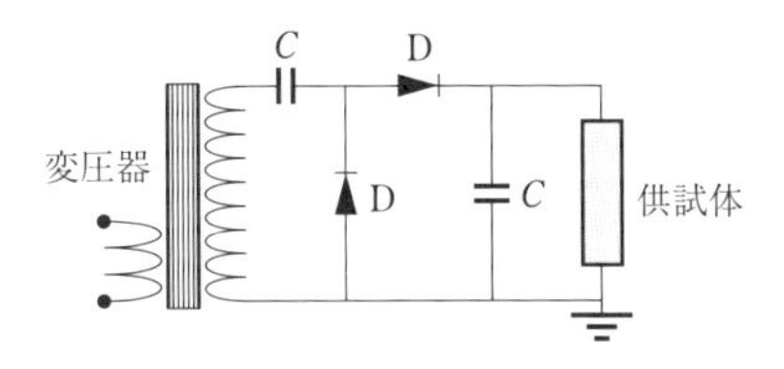

図 5.6　倍電圧整流回路

5.2.3　コッククロフト−ウォルトン回路

倍電圧整流回路を多段縦列化すると、さらに高電圧の直流電圧を得ることができます。その回路図を**図 5.7** に、実際の発生装置のイメージ図を**図 5.8** に示します。これはコッククロフトーウォルトン回路と呼ばれ、前述の倍電圧整流回路よりさらに高い直流高電圧発生に広く利用されています。

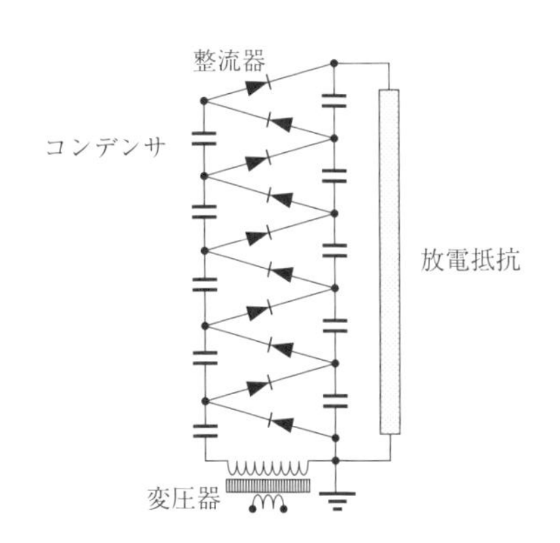

図 5.7　コッククロフトーウォルトン回路

図 5.8　コッククロフトーウォルトン回路（イラスト提供：東京変圧器株式会社）

第5章

5.3 インパルス高電圧の発生

電力系統に接続されている電力機器は、自然雷の侵入時や系統の事故時に発生するインパルス高電圧に曝（さら）されます。このため、電力機器はこれらの侵入インパルス電圧に耐える必要があります。このようなインパルス高電圧に対する性能確認のために、インパルス高電圧試験が実施されています。インパルス高電圧は、その波形の特徴により雷インパルス電圧と開閉インパルス電圧に分類されます。雷インパルスは電力系統への落雷を模擬した高電圧波形であり、開閉インパルスは電力系統の開閉時や事故時に発生する高電圧を模擬した波形です。

雷インパルス電圧波形は**図 5.9** に示すように、国際電気標準会議標準規格（IEC）や電気学会電気規格調査会標準規格（JEC）で波頭長と波尾長が定義されています。JEC-0202-1994 では、波頭長 T_1: 1.2 μs および波尾長 T_2: 50 μs と決められ、一般には 1.2/50 μs と表示されています。また、開閉インパルス電圧波形も、**図 5.10** に示すように波頭長 T_{cr} : 250 μs および波尾長 T_2 : 2500 μs と定められ、250/2500 μs と表示されます。

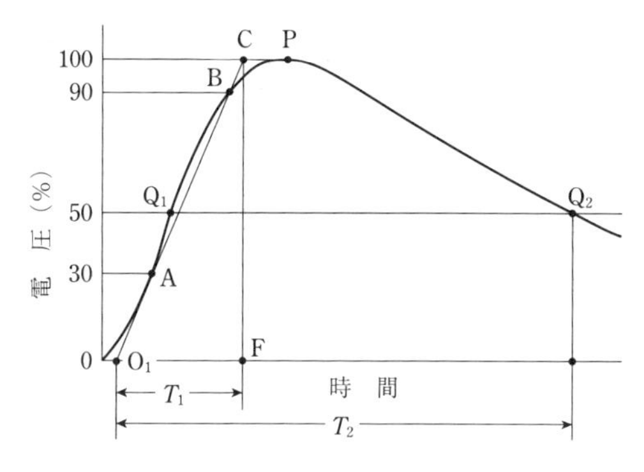

図 5.9 雷インパルス電圧波形

（出典）JEC－0202－1994

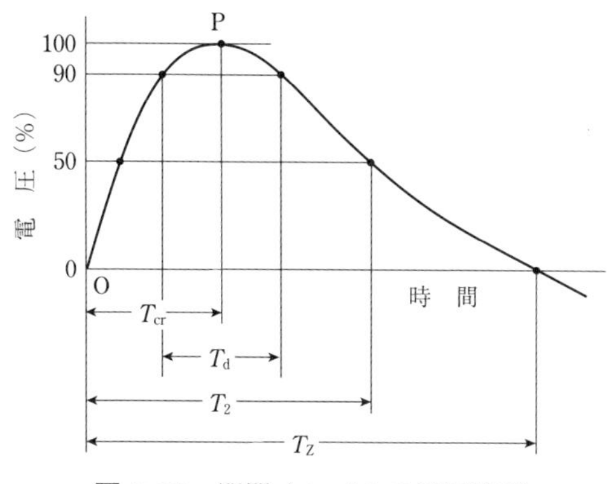

図 5.10　開閉インパルス電圧波形
（出典）JEC－0202－1994

雷インパルス電圧発生回路を**図 5.11** に示します。発生電圧波形は供試体のインピーダンスで変化するため、雷インパルス電圧発生器に供試体を接続後、試験電圧より低い電圧を発生し、波形を回路定数の調整により、規定範囲内に維持します。雷インパルス電圧発生器の外観を**図 5.12** に示します。開閉インパルス電圧の発生回路は**図 5.11** と同様な回路です。ただし、開閉インパルス電圧は雷インパルス電圧より波頭長および波尾長が長いので、充電抵抗 R が出力波形に影響してきます。したがって、充電抵抗も考慮して、波形調整を実施します。

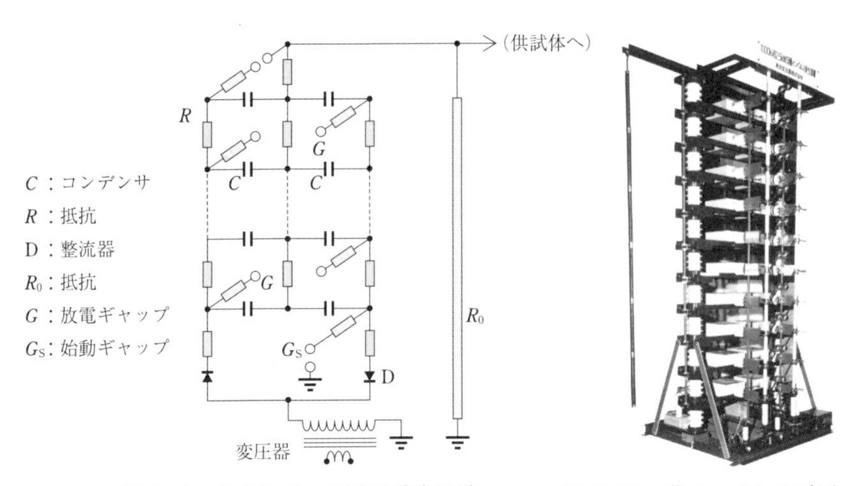

図 5.11　雷インパルス電圧発生回路

図 5.12　雷インパルス電圧発生器の例（写真提供：東京変圧器株式会社）

5.4　高電圧の測定法

交流高電圧、直流高電圧および雷インパルス高電圧を計測するには特別な計器、測定器が必要です。それぞれの高電圧に対する測定法について、以下で述べます。

5.4.1　静電電圧計およびピークボルトメータ

直流または交流の高電圧を簡便に測定するには静電電圧計が使われています。その外観例を**図 5.13** に示します。静電電圧計は高圧側電極（**図 5.13** の後方側）と低圧側電極（**図 5.13** の前方側）から構成されていて、これらの電極間に高電圧が印加されると、電極間に引力が働きます。高圧側電極は固定されていますが、低圧側電極の中央部は可動式で、電圧値に応じて高圧側電極の方に移動します。この移動量に対応して、指針が動き、高電圧が測定できます。静電電圧計は直流および商用周波の実効値を測定できます。市販の静電電圧計では一般に 500 V ～ 50 kV が測定できます。

図 5.13　静電電圧計の外観
（横河電機株式会社製）

静電電圧計は直流や交流電圧を簡便に測定することができます。しかし、インパルス電圧の測定はできません。インパルス電圧のような波形のピーク値はピークボルトメータで測定でき、市販されています。その仕様の一例によると、入力波形は 1.2/50 μs ～ 250/2500 μs で雷インパルスおよび開閉インパルスのピーク値が測定できます。

5.4.2　球ギャップ法

大気中で球ギャップ電極間に高電圧を印加すると、フラッシオーバが発生します。ギャップ間隙が球ギャップ直径より小さければ、ギャップ間の電界はほぼ平等電界となり、フラッシオーバは安定した電圧値で発生します。その電圧値は大気圧、温度および電極間距離で決定されます。このフラッシオーバ電圧を利用して、高電圧を校正します。これが**球ギャップ法**です。国際電気標準規格 IEC60052 Ed.3.0(2002) に準拠して、日本の電気規格調査会の JEC170（交流）および JEC213（直流、インパルス）に、20 ℃、1016 hPa の標準状態におけるフラッシオーバ電圧が掲載されています。

具体的な校正方法は次のとおりです。まず**図 5.14** に示したように球ギャップを試験対象機器の供試体と並列に配置します。次に、試験対象機器の試験電圧より低い電圧で、球ギャップが放電するような球ギャップ間隙に設定します。この状態で高電圧発生器から、球ギャップと試験対象機器に電圧を印加します。これを複数回繰り返し、設定した球ギャップにおける火花放電電圧と高電圧発生器の電源電圧との対応を測定します。同様に、数点の球ギャップ長に対して、火花放電電圧と高電圧発生器の電源電圧との対応を測定します。これらの対応グラフを作成すると、直線になります。このグラフに基づき、所定の試験電圧になるように高電圧発生器の電源電圧を設定します。このことにより、所定の試験電圧を供試体に印加できます。なお、試験電圧印加時には、**図 5.14** 中のギャップは取り外します。

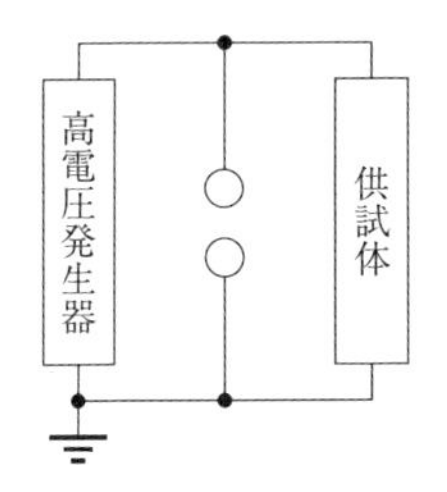

図 5.14　球ギャップ法による高電圧測定

5.4.3　倍率器法

試験対象の高電圧機器と並列に高電圧用の高抵抗またはコンデンサを接続し、そこを流れる電流を測定します（**図 5.15**）。直流高電圧では高抵抗、交流高電圧ではコンデンサを用い、それらに流れる電流を指示計器で測定し、その電流値と高抵抗やコンデンサのインピーダンスから高電圧を算出します。このような方法は倍率器法と呼ばれています。この方法では微小電流を高精度で測定する必要があります。このため、抵抗 R やコンデンサ C の表面にガード電極を取り付けて、それらの表面を流れる電流を取り除きます。

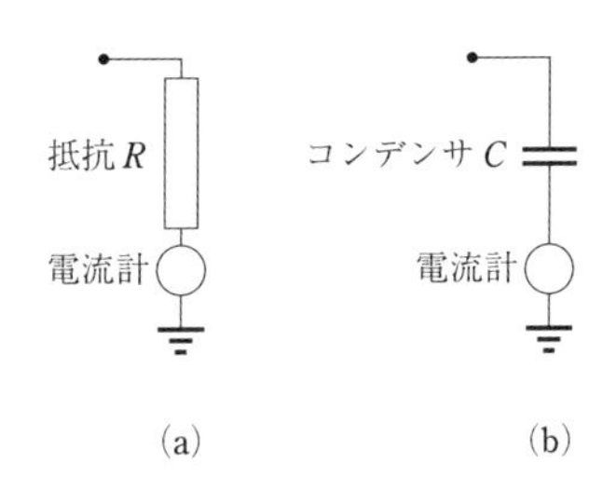

図 5.15　倍率器による高電圧測定

5.4.4　分圧器法

分圧器法による高電圧測定方法の原理的な回路を**図 5.16** に示します。分圧器法は倍率器法と似た回路ですが、分圧器法の測定対象は電圧です。分圧器周囲の浮遊容量などの影響をなくす工夫を施して、交流やインパルス電圧の大きさを測定します。また、分圧器法では高電圧波形を低減して波形観測器で観測も可能です。その際、分圧器などの回路定数の影響により、原波形から少し変形する場合があり、そのような変化の程度を確認する方法として直角波応答特性があります。その応答特性は**図 5.17**(a)における入力高電圧（直角波）を V_1、測定回路の出力（波形観測器への入力電圧）を V_2 とすると、**図 5.17**(b)で表されます。ここで、定数 T が小さければ、応答特性が優れていることになります。

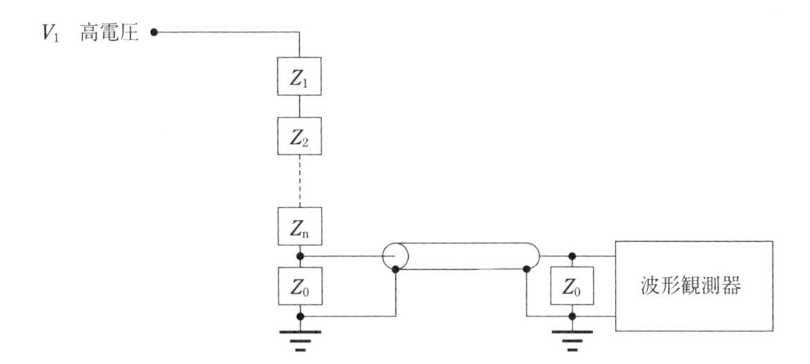

図 5.16　分圧器の原理図

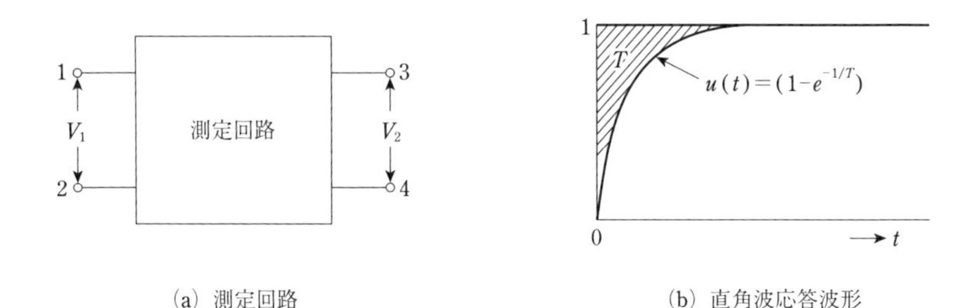

図 5.17　測定系の応答特性

（出典）河野照哉：新版高電圧工学，p.106，図 7.6，朝倉書店，2000

第5章

①抵抗分圧器

抵抗分圧器は**図 5.16** の分圧素子 Z として抵抗を用い、高電圧を分圧し、低電圧になった電圧を計器で読み取ります。この読み取った電圧から分圧比により、被測定高電圧を算出します。なお、抵抗分圧器で交流電圧やインパルス電圧を測定する場合は、浮遊容量や残留インダクタンスを考慮する必要があります。

②容量分圧器

容量分圧器は、**図 5.16** において分圧素子としてコンデンサで分圧し、分圧した交流電圧を計測します。この測定された電圧からインピーダンスの分圧比により、被測定高電圧を算出します。なお、容量分圧器は交流電圧やインパルス電圧も測定可能ですが、浮遊容量や残留インダクタンスなどを考慮する必要があります。

③抵抗容量分圧器

抵抗容量分圧器は、**図 5.16** において分圧素子として抵抗と静電容量を並列に取り入れた分圧器です。この分圧器は交流やインパルス電圧の高精度な測定ができます。

第6章　高電圧機器概説

電力輸送である送電、配電および変電ではいろいろな高電圧機器が使用されています。本章では、架空送電線、電力ケーブル、管路気中送電線（GIL：gas insulated transmission line）などの送配電機器、さらに、変電所内に設置されている変圧器、ブッシング、遮断器、避雷器、ガス絶縁開閉装置（GIS：gas insulated switchgear）などの変電機器を取り上げ、高電圧工学の観点から説明します。

6.1　送配電機器

発電所から工場や各家庭などまで、損失を少なく抑えて電力を送るには、発電所近くの変電所でまず昇圧し、高電圧で送電することが有効です。このため、日本では最高電圧 500 kV（2014 年現在）が採用され、需要地に近づくと順次電圧を降圧し、工場や大規模店舗などの大需要家には 77 kV ～ 3.3 kV で配電されています。また、一般家庭には柱上変圧器で 200 V や 100 V に降圧され、送られます。

これらの電力を輸送（送電・配電）するために使用されるのが送配電機器です。発電所から需要地近くの変電所まで電力を供給する設備は送電機器、さらに、その変電所から需要家まで電力を供給する設備は配電機器と呼ばれています。本節では、これらの送配電機器について述べます。

6.1.1　架空送電線

日本では最高電圧 500 kV（2014 年現在）の送電が行われ、架空送電方式が多く用いられています。架空送電方式は**図 6.1**、**図 6.2** に示すように、導体（**図 6.3**）が懸垂がいし（**図 6.4**）で大地から絶縁され、さらに、がいしは鉄塔に添架されます。この架空送電線は発電所から需要地郊外の変電所までの送電に多く使われています。

架空送電に用いられている電線は、**図 6.3** に示したように絶縁被覆がなく、中心部分に機械的強度を確保するために鋼芯があり、その外側の導体はアルミ線が多く使用されています。また、風や雪に対して、低風音化や難着雪の対策が取られている特殊な電線も実用化されています。

図 6.1　500 kV 架空送電線
西群馬幹線（耐張）
（写真提供：東京電力株式会社）

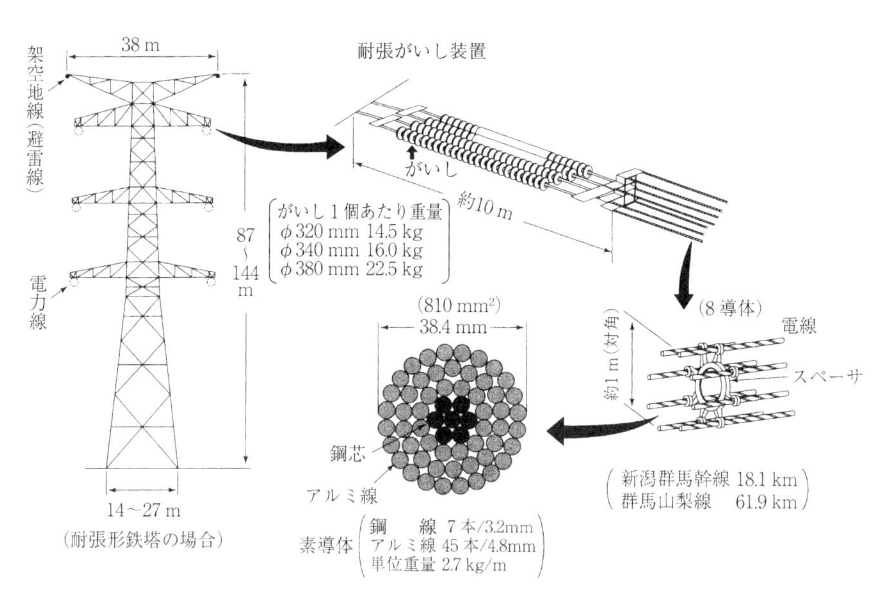

図 6.2　架空送電線の構成
（出典）東京電力株式会社パンフレット

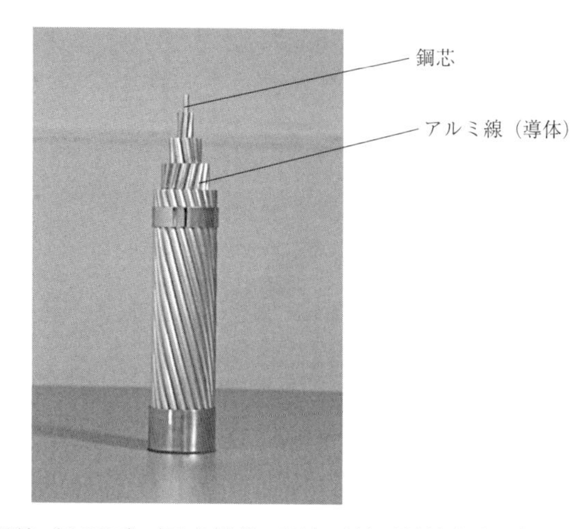

図 6.3　架空送電線（ACSR）（写真提供：昭和電線電纜株式会社）

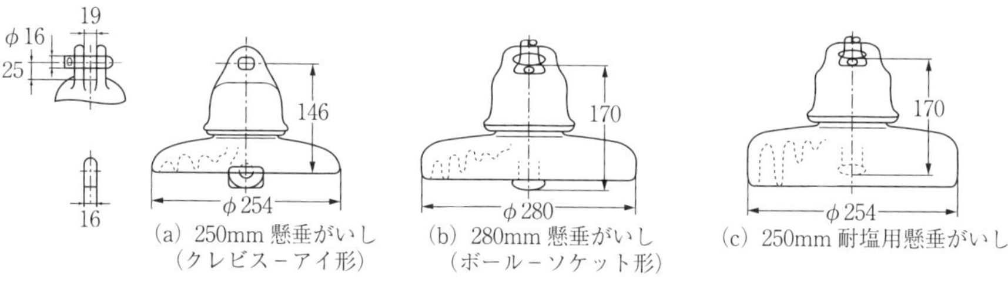

図 6.4　懸垂がいし

（出典）電気学会編，電気工学ハンドブック第 6 版，p.1239，28 編，図 31，図 32，電気学会，2001

6.1.2　電力ケーブル

発電所から市内地への電力は、まず前述の架空線で送電されてきます。需要地に近づくと架空送電に替わって地中送電になります。この地中送電に使われるのが電力ケーブルです。電力ケーブルを大きく分類すると、OF ケーブルと CV ケーブルがあります。それらの例を**図 6.5** および**図 6.6** に示します。**図 6.5** の OF ケーブルは、高電圧となる導体に油浸絶縁紙が巻かれ、さらにその外側に遮へい金属（アルミシース）および防食層（ビニルシース）があります。また、**図 6.6** の CV ケーブルは、導体の周囲に架橋ポリエチレン絶縁体が押出し成型され、さらにその外側に金属遮へい層および防食層（ビニルシース）があります。

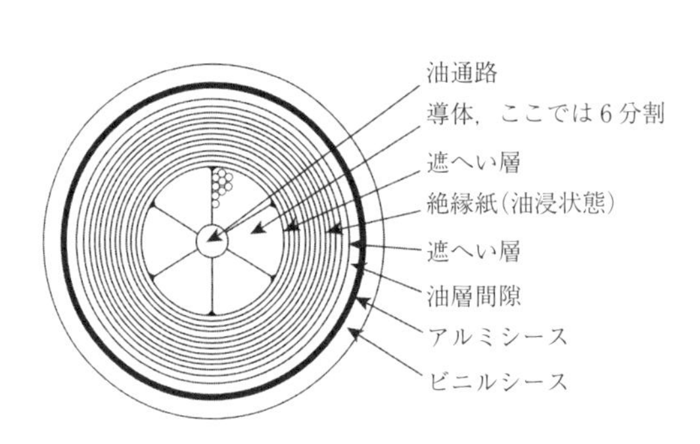

図 6.5　OF ケーブルの断面図と外観
（出典）関井康雄，脇本孝之：エネルギー工学，p.232，図 7.13，電気書院，2012
（写真提供：株式会社ジェーパワーシステムズ）

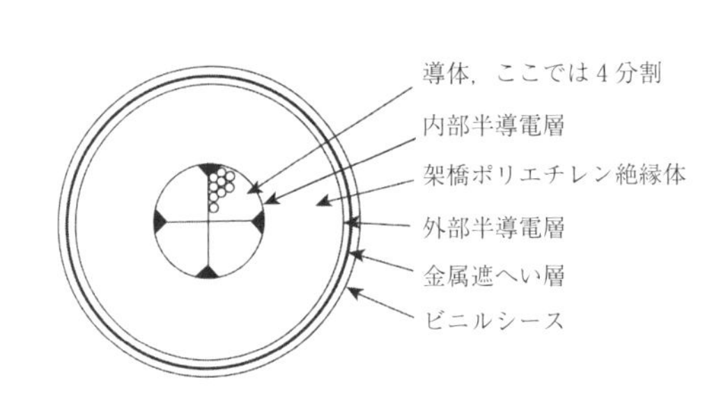

図 6.6　CV ケーブルの断面図と外観
（出典）関井康雄，脇本孝之：エネルギー工学，p.234，図 7.14，電気書院，2012
（写真提供：株式会社ジェーパワーシステムズ）

6.1.3　GIL（管路気中送電線：gas insulated transmission line）

電力は発電所から送電線により需要地郊外まで超高圧で送電されます。さらに、需要地に近づくにしたがって、変電所で順次特別高圧、高圧に逓減され、送電されます。これらの変電所における変圧器や遮断器に、最近はガス絶縁（六フッ化硫黄：SF_6 ガス）が使用されています。さらに、**図 6.7** に示すように変圧器や各種機器間の接続にもガス絶縁機器であるGIL（管路気中送電線）が利用されています。

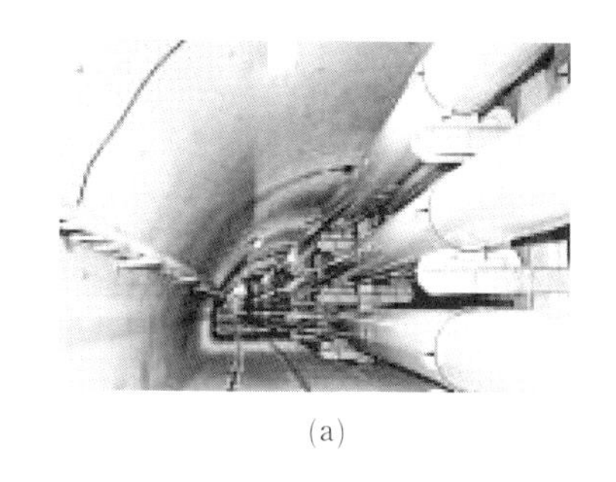

(a)

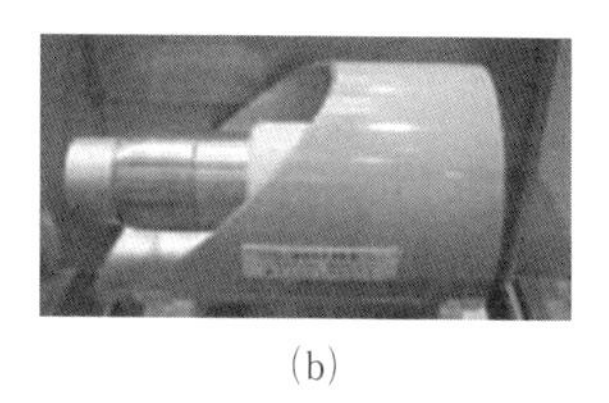

(b)

図 6.7 管路気中送電の外観

（出典）技術開発ニュース No.100（2003-1），第 4 図，同 No.118（2006-1），第 16 図
https://www.chuden.co.jp/resource/corporate/news_
中部電力株式会社ホームページ

6.1.4 超電導ケーブル

電力ケーブルの導体は銅やアルミニウムが多く用いられ、そこに負荷に応じて大電流が流れています。このため電力ケーブルの主な損失は導体で発生します。これに対して、超電導ケーブルの導体は超電導体であるため、導体による損失はありません。このような超電導ケーブル（**図 6.8**）の研究開発が国内外において実施されています。超電導ケーブルは導体およびシールド（遮へい）とも超電導体で、3相分のケーブルが断熱管に収められ、液体窒素などで冷却されています。

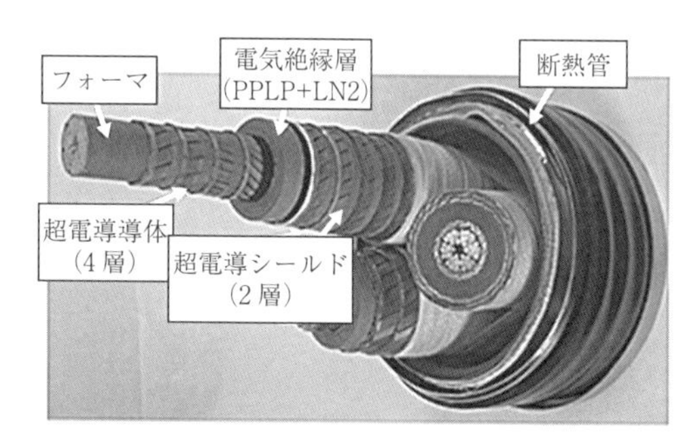

図 6.8 超電導ケーブル（三心一括型超伝導ケーブル）

（出典）http://www.sei.co.jp/super/cable/jissho.html
住友電気工業株式会社ホームページ

第6章

6.2 変電機器

6.2.1 変電所

変電所は送電線によって送られてきた電力の電圧調整、電力潮流制御、電力設備の保護を行うところで､送配電系統の中で重要な役割を担っています。電圧や電流の調整、制御、設備の保護などの機能を果たすため、変電所には変圧器、母線、断路器、調相設備、遮断器、避雷器など種々の機器が設置されています。それらの機器の多くは高電圧下で運転が行われる高電圧機器です。本節では代表的な変電機器である変圧器、変圧器の引き出し端子として利用されるブッシング、遮断器、GIS、避雷器について説明します。

6.2.2 変圧器

変電所に設置される変圧器は電圧の昇降を行う最も重要な施設です。変電所に設置される電力用変圧器は大容量の変圧器で、高電圧で長期間の運転に耐える性能が要求されます。

6.2.2.1 変圧器の構造

よく知られているように、変圧器は鉄心の周囲に巻かれた二組以上の巻線を利用して、電磁誘導現象に基づいて交流電圧を変換する装置で、1次巻線端の電圧をV_1、1次巻線の巻数をn_1、2次巻線端の電圧をV_2、2次巻線の巻数をn_2とした場合、$V_2 = \frac{n_2}{n_1} V_1$を満たす電圧$V_2$が2次巻線端に得られます。

6.2.2.2 変圧器の定格

変圧器の定格で重要な項目は電圧、電流、周波数、容量などです。変圧器の容量は変電所で扱う負荷の量や故障時への対策などを考慮して選定されます。**表 6.1** は変電所の容量とそこに設置される変圧器バンク数です。

表 6.1　変電所の標準容量

種 類	変電所	電圧階級 (kV)	バンク容量 (MVA)	バンク数	最終容量(MVA)
送電用 変電所	500 kV	500/275	1,500 1,000	4－5	6,000－7,500 4,000－5,000
		500/154	750		3,000－3,750
	275 kV	275/154	450 300	4－5	1,800－2,250 1,200－1,500
		275/77（66）	300 200	3－4	900－1,200 600－800
	154 kV	154/77（66）	250 200	3－4	750－1,000 600－800
		154/33（22）	150 100		450－600 300－400
配電用変電所		都市部	30 20	3	90 60
		一般地区	20		60

（電気学会編『電気工学ハンドブック 第 7 版』（オーム社，2013）p.1486, 表 29-2-1，表 29-2-2 を基に改変）

6.2.2.3　変圧器の絶縁

変圧器は高電圧で長期間安全に運転されなければならず、絶縁は変圧器の重要な項目です。変圧器内部の電気絶縁は次のような部分から構成されており、それぞれに対して高い信頼性が求められます。**図 6.9** は下記の①～⑤の変圧器内の各要素部分の絶縁を示したものです。

①端部絶縁（高圧巻線端部とタンク間の絶縁）

②リード絶縁（高圧リード線とタンク間の絶縁）

③主絶縁（高圧巻線と低圧巻線間の絶縁）

④対地絶縁（巻線と鉄心間、巻線とタンク間絶縁）

⑤巻線内絶縁（ターン間絶縁、コイル間絶縁）

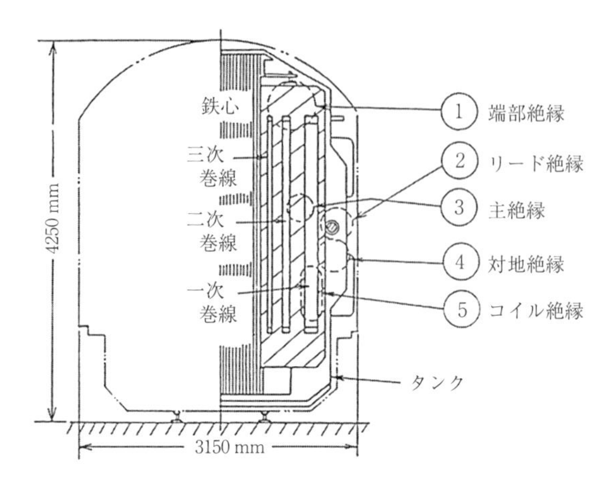

図 6.9　変圧器の内部絶縁

（出典）鎌田，前島：「油入大容量変圧器の新しい絶縁技術」，電気学会B部門誌，Vol.112，No.4，p.289-293，1992

変圧器の絶縁体は油隙、油浸クラフト紙、油浸プレスボードで構成されており、これらが直列に配置された複合絶縁体ですが、製作に当たっては、要素部分の検討を集積し、最終製品を完成させます。**図 6.10** は要素部分の検討に用いられるコイル間絶縁とターン間絶縁のモデルです。

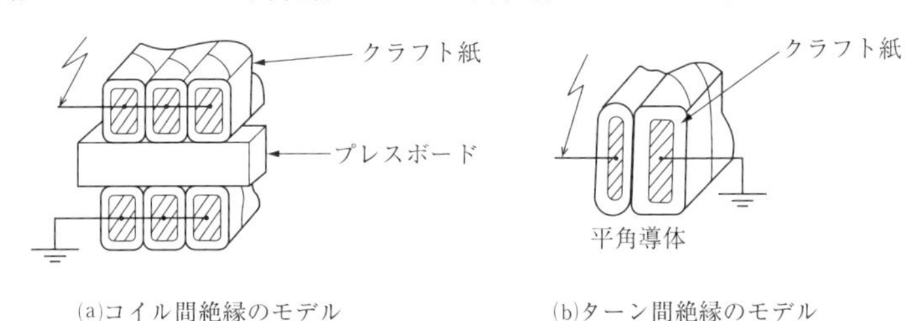

図 6.10　変圧器絶縁の要素モデルの例

変圧器絶縁の検討の手順はつぎのとおりです。

①要素絶縁モデルによる検討

寸法比1～数分の1のモデルにより、現象の解析（部分放電、絶縁破壊など）と許容電界の検討を行い、各部の設計電界を決定します。

②実規模絶縁モデルによる検証

巻線の全体構造を表すモデル（寸法比１：１）で絶縁構成の欠陥の有無を検討します。

③試作器による総合検証

鉄心、タンク、巻線のすべてを含む変圧器を１台試作し、電気的・機械的性能、熱特性、騒音・振動等について総合的に検証し、設計の妥当性を確認します。

図 6.11 はこのようにして製作し、現地に設置された1000MV 500 kV 変圧器です。

図 6.11　1000MV 500 kV 変圧器の外観（写真提供：富士電機株式会社）

6.2.3　ブッシング

ブッシングは変圧器、遮断器等の高電圧機器の外箱、あるいは建造物の屋根、壁などを貫通して電線（高電圧導体）を引き出すための端子で、**図 6.12** に示すように、高電圧導体の周囲を絶縁体とそれを取り囲むがい管で絶縁した構造です。

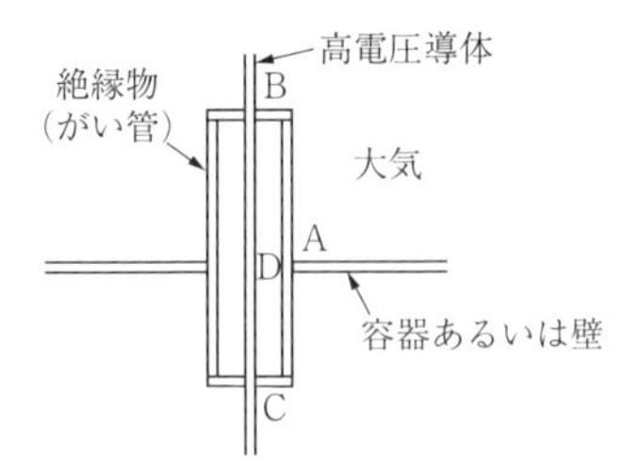

図 6.12　ブッシングの原理

実際のブッシングは、①がい管の外部絶縁（外気に接する部分の軸方向絶縁、**図 6.12** の AB 間の絶縁）、②機器側の軸方向絶縁（内部沿面絶縁、**図 6.12** の AC 間の絶縁）、ならびに、③機器内部の径方向絶縁（**図 6.12** の AD 間の絶縁）で構成されています。内部絶縁の構造の違いによって、つぎのようなものがあります。

6.2.3.1　油入りブッシング

図 6.13(a)のように、中心導体の回りに同心状に数個の絶縁筒を配置し、がい管内に絶縁油を充填したブッシングで、変圧器などに用いられています。

6.2.3.2　コンデンサブッシング

図 6.13(b)(c)のように、内部絶縁をコンデンサコーンで構成したブッシングで、コンデンサコーンは多数の同心円状の金属箔（はく）を絶縁体中に配置し、箔の大きさと挿入位置を適当に選んで、箔間の静電容量を調整し、電位分布の均等化を図っています。絶縁体の材料として絶縁油を含浸した絶縁紙やエポキシ樹脂などが用いられます。

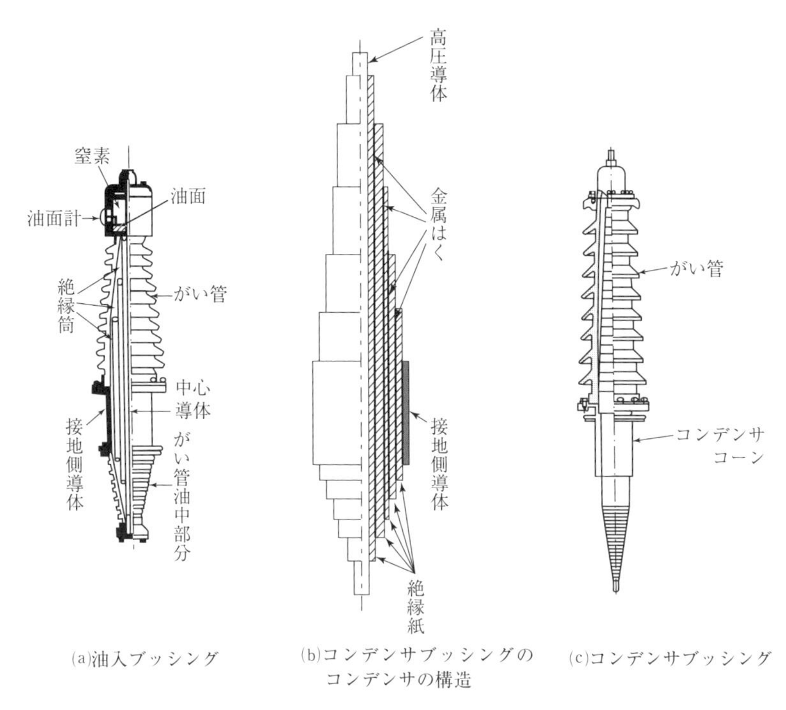

図 6.13 ブッシングの構造

（出典）(a)家田正之ほか：現代 高電圧工学, p.115, 図 3.21, オーム社, 1981
(b)河野照哉：新版高電圧工学, p.117, 図 8.6, 朝倉書店, 1994
(c)河村達雄, 河野照哉, 柳父悟：高電圧工学 3 版改訂, p.166, 図 5.8(a)(b), 電気学会, 2003

6.2.4 遮断器

遮断器は地絡や短絡事故が発生したときに速やかにその部分を系統から切り離し、回路に接続されている電力機器を大電流や電流遮断時に発生するアーク放電による損傷から防ぐ役目を担っています。**図 6.14** に変電所の中で遮断器が設置される箇所を示します（図中の CB_1 ～ CB_7 は遮断器、LF、TF、TF_2 は事故点を示す）。

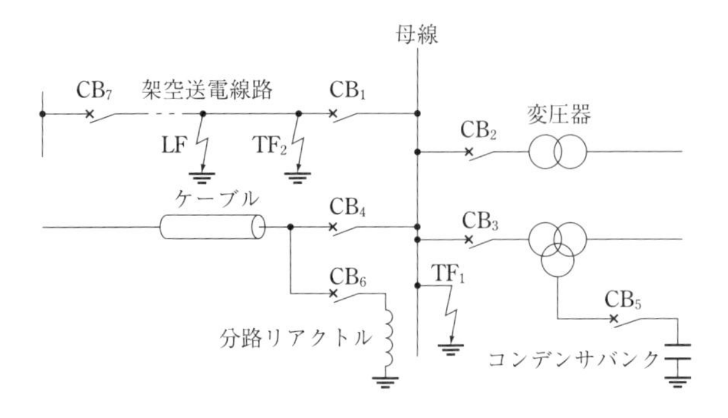

図 6.14 変電所内における遮断器の設置箇所

（出典）電気学会編：電気工学ハンドブック 第7版，p.881，図 18-1-2，オーム社，2013

遮断器で大電流を遮断するときにはアーク放電が発生します。これは遮断器の接点を開くときに接点温度が急上昇するため、陰極からの熱電子放射や、電界放射が盛んになり、遮断器のギャップ間に放電路が作られるためです。このため、遮断器で回路の大電流遮断を行うには、このアーク放電を消去させる**消弧**が必要です。消弧には、① ガスを吹き付けてアークを冷却し電離作用を抑制する方法（冷却）、② 真空中でアーク中の高密度ガスプラズマを拡散させる方法（真空）、③ アークを引き伸ばし、金属板や耐火性絶縁板の隙間（すきま）で分割して冷却する方法（分割）、④ 電子を SF_6 のような負性ガスに付着させて電離を抑制する方法（電子付着）など、さまざまな方法があり、これらを応用した各種の遮断器が開発されています。

アーク放電が消滅すると、接点間の絶縁が回復し、電圧（**回復電圧**）が現れます。また、アーク放電が消滅した瞬間からしばらくの間は回路の過渡現象によって接点間に大きな過渡電圧が加わります。これが**再起電圧**です。再起電圧によって接点間に再び放電が発生すると、これがアーク放電に成長し、回路は短絡状態となります。これが**再発弧（再点弧）**です。遮断を成功させるには絶縁耐力の回復速度が再起電圧の上昇速度を上回ることが必要です。これらの要件をみたす遮断器として、**油遮断器**、**真空遮断器**、**空気遮断器**、**ガス遮断器**などがあります。各遮断器の消弧原理と特徴は次のとおりです。

6.2.4.1　油遮断器

油遮断器では消弧室内の油がアークによる熱により分解し、そのとき発生する多量の水素により消弧が行われます。水素は電子付着率が高く電離を抑制する作用に優れ、しかも熱伝導度が高く、アークを冷却する作用の大きい気体です。

6.2.4.2　真空遮断器

真空遮断器は約 10^{-7}Torr の真空容器中に設置された可動、固定の一対の接点により構成されています。**図 6.15**(a)が真空遮断器の構造です。通電中に接点が開くと、接点間にアーク放電が発生しますが、放電プラズマを形成している金属原子や電子、イオンなどの荷電粒子は高真空の周囲に急速に拡散し、電流ゼロの点に達すると、拡散した金属原子や電子・イオンを補うことができず、電流が遮断されます。電流が大きい場合には局部的な温度上昇による電極の溶融が起こるので、**図 6.15**(b)に示すように、電極に流れ込む電流の経路を変えて、電極の中心軸と平行な磁界を作り、この磁界によってアーク放電を制御し、放電が電極面へ広がるように工夫しています。

第6章

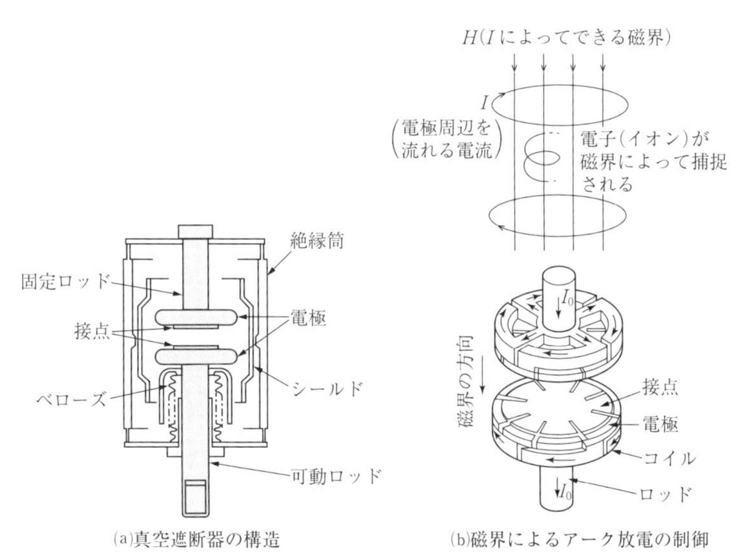

図 6.15　真空遮断器の構造と動作

（出典）河村達雄，河野照哉，柳父悟：高電圧工学 3 版改訂，p .181，図 5.24(a)(b)，電気学会，2003

6.2.4.3 空気遮断器

空気遮断器はアークに圧縮空気を吹き付けて消弧させます。遮断するときに圧縮空気が送られ、ピストンを押して可動接触子を動かします。接触子間が開くと圧縮空気が可動接触子の内部を通って流れ、アークの軸方向に空気が吹き付けられます。アーク消滅後は残留イオンを吹き飛ばし、圧縮空気により絶縁を回復します。

6.2.4.4 ガス遮断器

ガス遮断器は優れた消弧作用と高い絶縁耐力を有する SF_6 の特性を利用した遮断器です。**図 1.35** に示したように、SF_6 中のアーク放電プラズマの温度は N_2 に比べて低く、消弧させやすいという特長があります。この良好な消弧性能と高い絶縁耐力を有する SF_6 ガスを用いたガス遮断器は昭和 30 年代に実用化されましたが、パッファー型が開発されてから実用化が進みました。パッファー型ガス遮断器は一定ガス圧の SF_6 中で接触子とピストンの機械的運動でガス流を作り、圧縮された高圧の SF_6 がノズルを通して電極間に排気され、アークを吹き消します。構造が簡単で大容量の遮断が可能で、しかも信頼性が高いので、変電所で広く利用されています。**図 6.16** にガス遮断器の構造を示します。

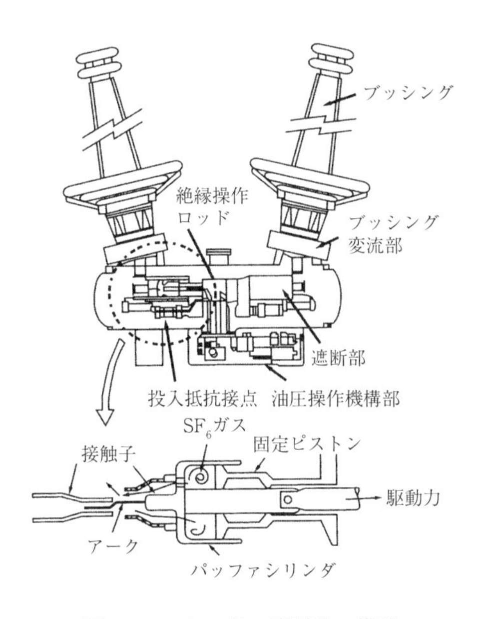

図 6.16 SF_6 ガス遮断器の構造
(出典) 財満英一：発変電工学総論, p.318, 図 6.23, 電気学会, 2007

6.2.5 GIS (ガス絶縁開閉装置：gas insulated switchgear)

GIS（ガス絶縁開閉装置）は母線、遮断器、断路器、接地開閉器、変流器等の機器をステンレス製の円筒内に組み込み、SF_6 で絶縁した**複合型の変電機器**です。構造は母線となる導体を中心に配した円筒型で、円筒型のケース内に前述の各機器が配置されています。導体はエポキシ樹脂のスペーサで支持されています。**図 6.17** は 500 kV GIS の構造、**図 6.18** は 275 kV GIS の外観です。**表 6.2** はGISを使用した場合の変電所の面積と体積の縮小率です。**表 6.2** に示すように、GIS を用いることにより変電所の占有領域を大幅に減少させることができ、変電所のコンパクト化に大きな役割を果たしています。

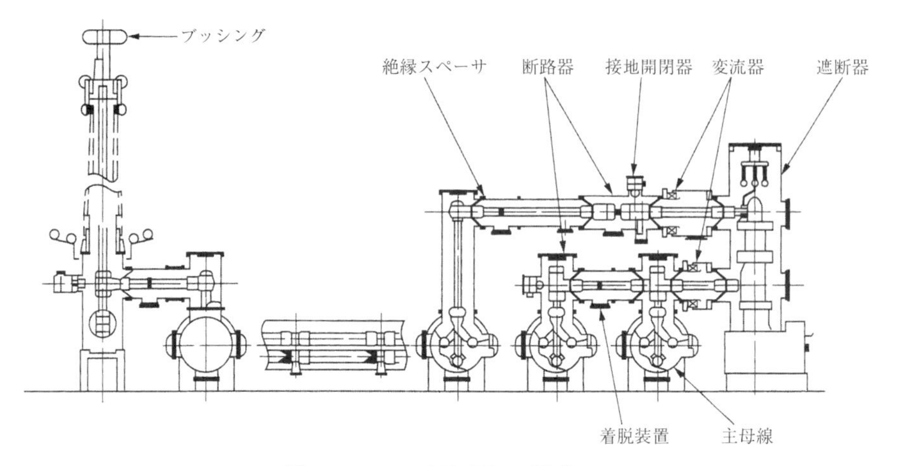

図 6.17　500 kV GIS の構成
（出典）電気学会編：電気工学ハンドブック 第 7 版，p.907，図 18-3-1，オーム社，2013

図 6.18　275kV GIS の外観（写真提供：東京電力株式会社）

表 6.2 在来型変電所と GIS を採用した密閉型変電所の占有領域の比較

電圧(kV)	面積 (m^2)			体積 (m^3)		
	GIS(S_A)	従来型 (S_B)	縮小率 (S_A/S_B)	GIS(V_A)	従来型 (V_B)	縮小率 (V_A/V_B)
66	21	120	0.17	136	1,360	0.1
154	37	475	0.077	331	8,075	0.041
275	46	1,200	0.038	414	28,800	0.014
500	90	3,706	0.024	900	147,696	0.006

（出典）財満英一：発変電工学総論，p.339，表 6.2，電気学会，2007

6.2.6 避雷器

避雷器は送配電線路に雷サージや開閉サージなどの過渡的な過電圧が侵入したときに、放電によって過電圧を抑制し、過電圧を除去した後の**続流**を遮断して正規に回復させる装置で、過電圧が侵入したときに変電所に設置されている機器を保護する役割を果たします。

避雷器は、過電圧の侵入時に過電圧を抑制し、過電圧が除去された後には、端子間の絶縁を回復し、続流を遮断することが必要です。理想的な避雷器の**電圧－電流特性**は、電流の値にかかわらず端子電圧（制限電圧）を一定に保つ特性です。かつての避雷器は **SiC**（**炭化ケイ素**）を用いた「直列ギャップ +SiC」の構成でしたが、1970 年に **ZnO**（**酸化亜鉛**）を主体とする非直線性抵抗体が開発された後は ZnO を用いた避雷器が開発され、優れた $V-I$ 特性を有するギャップレス型避雷器の利用が急速に広がっています。**図 6.19** に SiC と ZnO の $V-I$ 特性の違いを示します。**図 6.20** にがいし型避雷器の構造を示します。

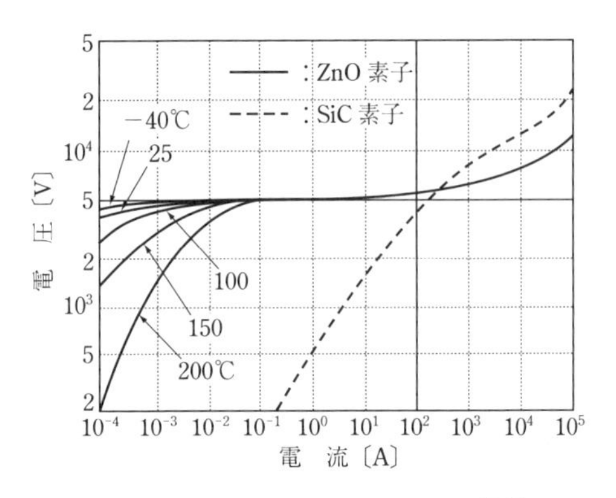

図 6.19 ZnO と SiC の V–I 特性

（出典）宅間董，柳父悟：高電圧大電流工学，p194，図 8.20，電気学会，1988

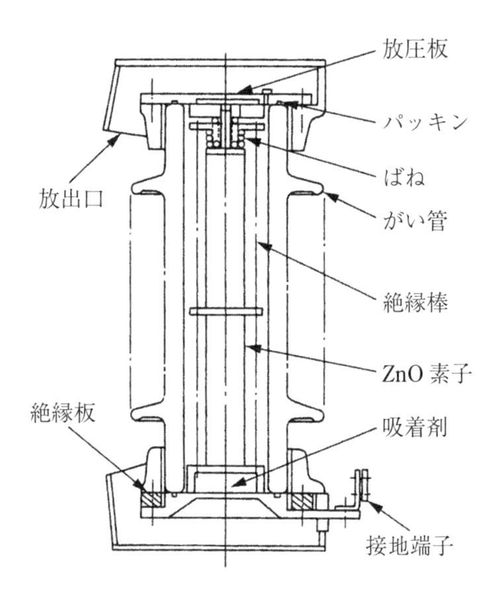

図 6.20 がいし型避雷器の構造

（出典）電気学会編：電気工学ハンドブック第 7 版，p.919，図 18-4-10(a)，オーム社，2013

第7章　高電圧絶縁試験

電力は社会において重要かつ不可欠です。電力供給は発変電機器や送配電機器が担っていますが、不具合や故障が発生すると、電力供給支障に波及します。これは社会への影響が非常に大きいため、未然防止が必要です。

このため、電力機器の開発時や製造出荷時において、高電圧による試験や測定が実施されています。さらに、電力機器設置の直後および使用中の保守管理として試験や測定も重要です。これらの一環である高電圧絶縁試験は、対象機器に高電圧を印加して、その健全性を確認するものです。また、高電圧絶縁試験では、設置後に発生した不具合や劣化の有無も測定します。高電圧絶縁試験を、印加する高電圧の種類（直流、交流、インパルス）と、試験評価目的（絶縁特性試験、絶縁耐力試験、絶縁破壊試験）で分類して**表 7.1** に示します。

絶縁特性試験：対象機器に高電圧を印加し、製造不具合がないことを工場出荷時に確認します。また、使用中にも、発生するかもしれない不具合や劣化による絶縁破壊故障を未然に防止します。（非破壊試験）

絶縁耐力試験：高電圧を対象機器に印加して、その高電圧性能を把握し、長期間の使用に耐えることを確認します。この試験は工場出荷時、使用現場に設置直後および長期間使用後に適宜実施されます。（非破壊試験）

絶縁破壊試験：高電圧機器の開発時に限界性能を確認する目的で、工場において高電圧による絶縁破壊試験が実施されています。

表 7.1　高電圧絶縁試験の種類

	直流電圧印加	交流電圧印加	インパルス電圧印加	備考
絶縁特性試験	・メガー試験（絶縁抵抗試験） ・直流漏れ電流試験 ・誘電吸収試験 ・部分放電試験	・誘電正接試験（$\tan\delta$ 試験） ・交流電流試験	—	工場試験（機器の出荷時に行う） 現地試験（機器を使用場所に設置後行う）
絶縁耐力試験	・直流耐電圧試験	・交流耐電圧試験	・インパルス耐電圧試験※	（ただし、※の現地試験はない）
絶縁破壊試験	・直流破壊試験	・交流破壊試験	・インパルス破壊試験 ・フラッシオーバ試験	工場試験

7.1 絶縁特性試験

発変電機器および送配電機器の絶縁部に規定の高電圧を印加すると、その機器に対応する充電電流が流れます。しかし、その機器の絶縁部分に不具合があると、その程度に応じて、正常時より大きな電流、または通常発生しないような時間的に変動する電流や電流波形が検出されます。このような特徴的な電流信号を検出することにより、不具合や異状の有無を判断することができます。ここではまず、高電圧機器における長期間使用後の劣化現象について概説します。次に、高電圧機器に劣化や不具合が発生した場合、それらを検出する試験の方法について述べます。

7.1.1 高電圧機器における劣化現象

高電圧機器は一般に絶縁体と導体から構成されています。その絶縁体には通常運転中に高電界が加わり、異常時にはさらに高電界となります。また、導体には機器ごとの定格電流や異常時の大きな電流が流れます。これらが電気的および熱機械的なストレスとなります。そこで、通常運転の電圧（電界）や電流、および想定される異常時の電圧や電流に基づく熱機械的ストレスによる劣化は発生しないように、あらかじめ設計段階で考慮されています。ところが、

- ・製造過程で発生する電極の局部的な凸凹や、絶縁材料中や異種材料界面におけるボイドの発生、異種混入物、ゴミなど異物の混入
- ・許容値を超えるような電流が流れた場合の過熱による異常な機械的応力の発生
- ・設計で想定していなかったような劣悪な環境（化学反応、水溶剤など）

の場合、**図 7.1** に示すように、それらが劣化の促進要因となります。このような劣化が進行すると、ついには絶縁破壊が発生し、電力機器の機能が停止します。これらを未然に防止するために、絶縁特性試験による劣化診断が実施されます。

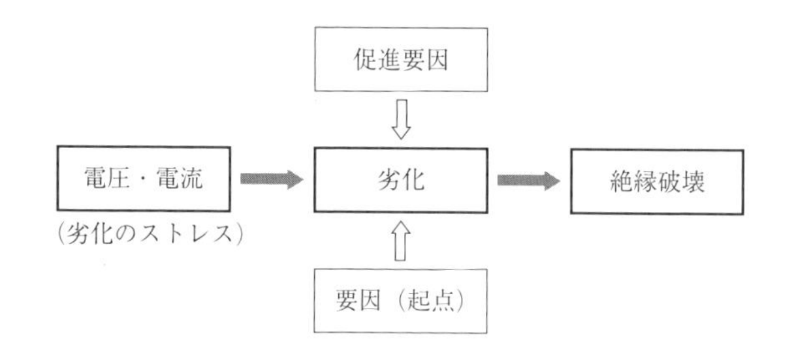

図 7.1　劣化とその要因の関連

7.1.2　絶縁特性試験の種類と方法

高電圧機器の絶縁特性試験として、いろいろな試験法があります。ここでは**表 7.1** に示すメガー試験(絶縁抵抗試験)、直流漏れ電流試験、誘電吸収試験、部分放電試験、誘電正接試験(tan δ 試験)、交流電流試験について述べます。

7.1.2.1　メガー試験(絶縁抵抗試験)

このメガー試験は絶縁抵抗計(通称:メガー)で供試体の絶縁抵抗を測定します。この試験の印加電圧は一般に直流 1,000 V で、メグオーム(MΩ)オーダの絶縁抵抗を簡便に測定できるため、広く活用されています。また、これ以降で述べる精密試験の事前および事後のチェック法としても利用されています。

電力ケーブルなどの静電容量の大きな供試体のメガー試験では測定開始直後に大きな充電電流が流れます。このため、測定開始直後は低い抵抗値が表示され、徐々に大きな抵抗値の表示になります。そこで、1分、3分、7分および10分後に表示された絶縁抵抗値を記録し、通常ほぼ時間的に一定値になった値を測定値として採用します。また、時間経過とともに測定された絶縁抵抗値はそれぞれ1分値、7分値および10分値などと呼ばれます。これらの絶縁抵抗値は絶縁劣化に伴って低下してきます。

7.1.2.2　直流漏れ電流試験

高電圧機器の高電圧側と低電圧側(接地側)に直流電圧を印加すると(**図 7.2**(**a**))、過渡的に**図 7.2**(**b**)に示すような電流が流れます。この電流は時間経過にしたがって３つの領域に分類されます。まず、電圧印加直後に流れるのは瞬時充電電流と呼ばれます。これは高電圧側と低電圧側の電極間に挟まれた絶縁体が電気回路的にはコンデンサとして作用するための充電電流です。引き続き、ゆっくりと減少する電流が流れます。これは絶縁体中の分子や原子による分極や空間電荷形成に起因した電流で、吸収電流と呼ばれます。そして、吸収電流に引き続き、ほぼ一定になる電流が流れます。これが絶縁体の漏れ電流値で、絶縁劣化に伴って大きな値となります。

直流漏れ電流試験においては、通常１分、７分および10分後に漏れ電流値を測定し、時間的に一定となった値を漏れ電流値とします。ただし、一定とならない場合は７分や10分の漏れ電流値を採用し、「7分値」や「10分値」との注釈を付けます。

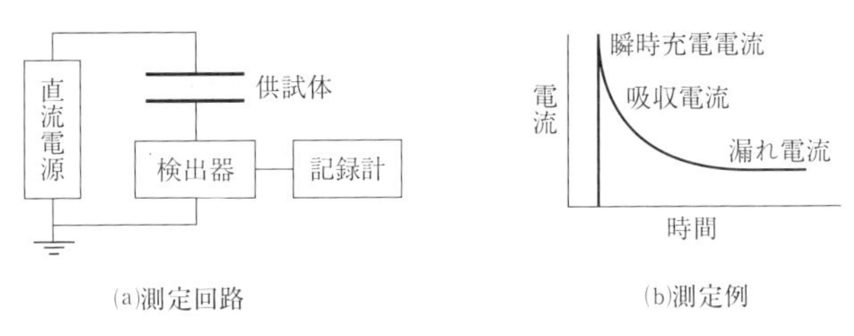

図 7.2　直流漏れ電流測定法

7.1.2.3　誘電吸収試験

直流漏れ電流と同様な回路で、電圧印加後の電流を測定しますが、漏れ電流の時間特性に注目します。その時間特性は絶縁体の誘電分極の応答特性（誘電吸収）に起因します。その誘電分極としては電子分極、原子分極および配向分極があり、これらの分極は絶縁体の劣化に伴い変化します。そのため、絶縁体の誘電分極の応答特性（誘電吸収）により、絶縁体の劣化が検出できます。

誘電分極を大きく分類すると、次の３つがあります。

・電子分極：１つの原子を考えたとき、原子核の正電荷量とその周りをまわっている電子の負電荷量は等しくなっています。ここに電界を印加すると、電子は電界と反対方向にわずかに移動して平衡します。この移動のため、原子は短い間隔に＋極と－極の一対の電荷（**図 7.3**(**a**)）を持つことになります。これは電子が移動して発生するので電子分極と呼ばれています。

・原子分極：イオン結晶では、電圧が印加されると、正イオンと負イオンはそれぞれ反対方向に移動します。このため、電極（**図7.3**(b)の＋極と－極）付近に負と正の電荷が現れます。これは原子の移動に伴って発生するので、原子分極と呼ばれています。

・配向分極：例えば水を考えると、2つの水素は105度の角度を持って分子となっています。したがって、水は双極子を構成しています。このような物質に電圧を印加すると、**図7.3**(c)のように双極子が電界方向に配列します。これは配向分極と呼ばれています。

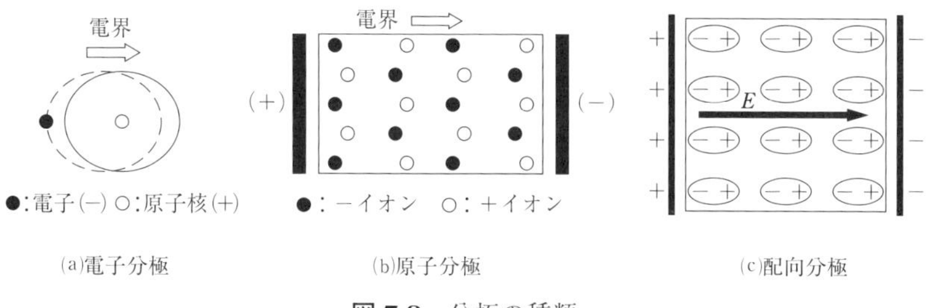

図7.3 分極の種類

（出典）青木昌治：電子物性工学，p.168，コロナ社，1964

7.1.2.4 部分放電試験

高電圧電力機器は、電流を供給する導体（低圧および高圧の導体）とそれらの導体を電気的に絶縁する絶縁体から構成されています。この絶縁体部分に**図7.4**に示すような

・電極からの突起
・電極導体と絶縁体間の界面剥離（はくり）
・絶縁体の亀裂
・絶縁体中のボイド（空隙（くうげき））

などがあると、その箇所に電界が集中し、高電界となります。このため、その空隙（ボイドや界面剥離）、亀裂、剥離などで微小放電が発生します。このような微小放電が継続すると、絶縁体の放電劣化が進行し、ついには高圧と低圧の電極間を貫通するような絶縁破壊に至ることがあります。このような絶縁破壊を未然に防止する有効な検出法として、部分放電試験があります。

第7章

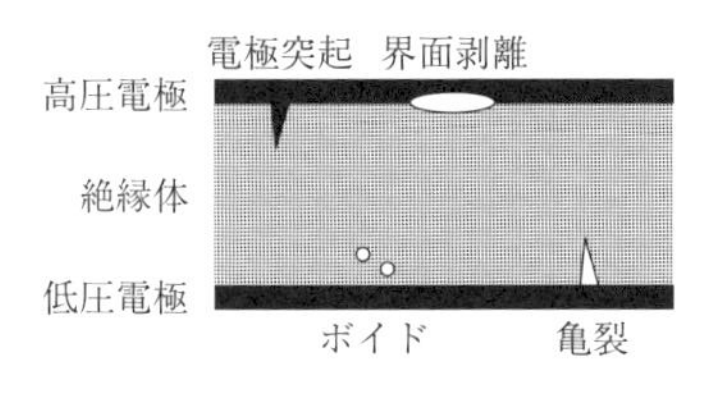

図 7.4　絶縁体の欠陥

部分放電検出の基本的な回路を**図 7.5** に示します。測定対象機器に、高電圧電源から高電圧を印加して、対象機器絶縁体部の不具合部分で発生する微小な部分放電パルス信号をインピーダンス Z_d で検出し、さらに増幅して測定します。部分放電測定は運転中でも測定可能な方法です。しかし、部分放電信号は微小な信号であるため、測定対象から発生する真の部分放電パルスと、それ以外の外来パルスすなわちノイズとの判別が重要です。なお、**図 7.5** における Z_s は主にインダクタンスで、高電圧電源側から侵入するノイズ（高周波成分のパルス）が部分放電測定回路に侵入しないように阻止する役目をしています。

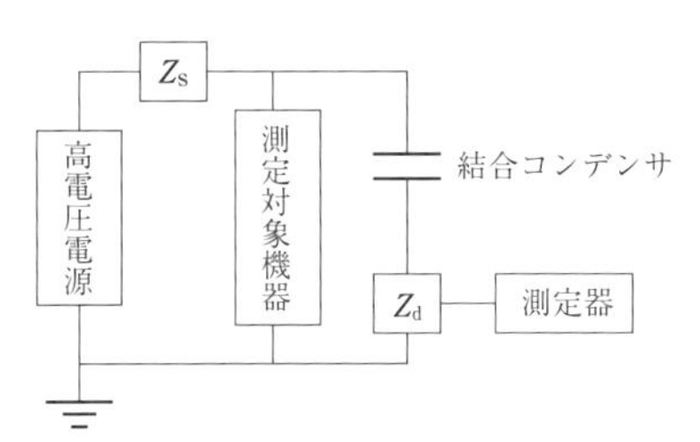

図 7.5　部分放電測定の基本回路

7.1.2.5　誘電正接試験（tan δ 試験）

絶縁体に交流高電圧を印加すると、充電電流が流れます。この充電電流は印加電圧値および絶縁体の誘電率に比例し、印加した交流電圧より（$\pi/2$）〔rad〕進んだ電流となります。しかし、絶縁体の種類や劣化状態によっては、この（$\pi/2$）〔rad〕進んだ充電電流の他に、印加電圧と同相分の電流が流れます。その「電圧と同相の電流分」と「電圧より（$\pi/2$）〔rad〕進んだ充電電流分」の比率が誘電正接（tanδ）値です。この測定から高電圧機器の絶縁体の劣化度合いを判断できるので、多くの高電圧機器の絶縁劣化診断に適用されています。この測定にはブリッジ方式が一般に使われており、シェーリングブリッジ法と呼ばれています。また、電流比較形変成器ブリッジ法も開発され、利用されています。

①シェーリングブリッジ法

シェーリングブリッジ法による誘電正接測定回路を**図 7.6** に示します。この回路では供試体の静電容量分 C_x と誘電損失（抵抗分）R_x を直列接続で等価的に表示しています。「印加電圧に対して $(\pi/2)$〔rad〕進んだ電流値（充電電流分）I_c」と「電圧と同相分の電流値（損失電流分）I_d」に対して、C_4 と R_4 で平衡（検出器の出力をゼロに近づける）をとります。平衡後の C_4 と R_4 により、供試体の誘電正接値 $\tan\delta$ は

$$\tan\delta=\omega C_4 R_4$$

です。この誘電正接値は市販の測定器では直読できるように工夫されています。

②電流比較形変成器ブリッジ法

電流比較形ブリッジを応用した電流比較形変成器ブリッジが開発され、誘電正接測定に普及しています。その原理的な測定回路を**図 7.7** に示します。**図 7.7** の n_1 と n_2 の比率および R_d を調節して平衡をとると、被測定対象 C_x の $\tan\delta$ 値は（$\omega C_s R_d$）となります。

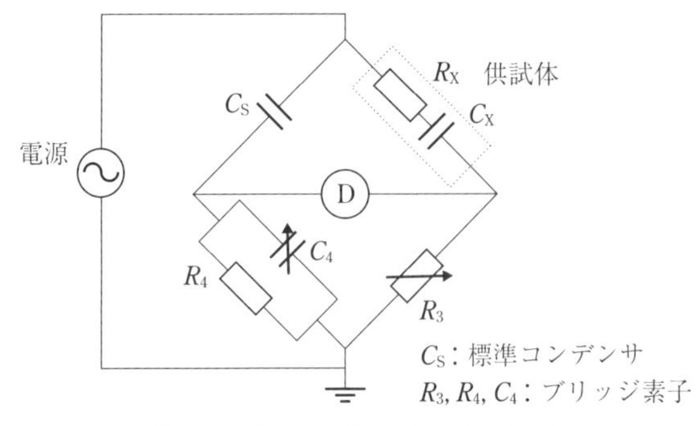

図 7.6 シェーリングブリッジ法

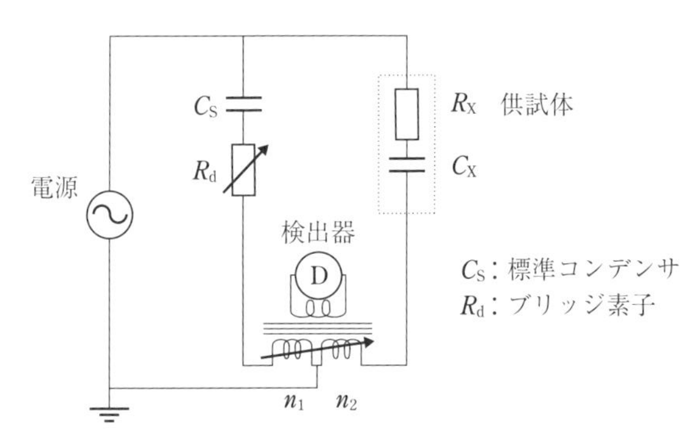

図 7.7 電流比較形変成器ブリッジ法
（総研電気株式会社 Web カタログを参考に作成）

7.2 絶縁耐力試験

高電圧機器の出荷時の工場試験として、**表 7.1** に示したように絶縁特性試験の他に絶縁耐力試験があります。絶縁耐力試験における試験電圧の種類（直流、交流およびインパルス電圧）と電圧値は、対象機器の常時使用電圧と実稼働中に遭遇する異常電圧によって決められています。このため、機器によっては複数の種類の電圧に対する絶縁耐力試験が必要な場合もあります。例えば、通常の電力系統では、交流電圧とインパルス電圧が重要となります。

また、高電圧機器を工場から出荷し、変電所などに設置した場合、設置後においても絶縁耐力試験が実施されます。交流機器の場合、交流耐電圧試験が実施されます。しかし、例えば長距離ケーブルなどでは供試体の静電容量が大きくなるため、大掛かりな試験装置が必要になります。このような場合は直流耐電圧試験が実施される場合があります。

7.3 絶縁破壊試験

これまで述べてきた絶縁特性試験や絶縁耐力試験（**表7.1** 参照）は、絶縁破壊に至るような高電圧ではなく低い電圧で、絶縁性能を確認する試験です。これに対して、絶縁破壊試験では対象機器が絶縁破壊するまで段階的に電圧を昇圧印加し、限界性能を確認します。このため、電力機器の開発最終段階で、工場内で実施することがあります。

印加電圧の種類は、**表7.1** に示したように直流電圧、交流電圧およびインパルス電圧があります。交流試験および直流試験の場合は試験電圧（初期印加電圧とステップアップ電圧）とその電圧の印加時間、またインパルス試験の場合は試験電圧（初期印加電圧とステップアップ電圧）とその電圧ごとの印加回数を決め、絶縁破壊するまで試験電圧を昇圧します。印加電圧の種類は機器ごとに仕様などで決められており、機器の最弱点部分で絶縁破壊が発生するまで電圧を昇圧します。電圧昇圧方法（電圧値、昇圧方法、インパルス電圧の印加回数など）も機器の種類やその電圧階級で規定されています。

第8章　高電圧応用

高電圧工学は、主に大電力輸送のために送電電圧を高くする目的で研究開発が進められてきました。一方で技術は発展的に応用され、科学技術や医療分野でも使われています。この活用法として、放電を利用した機器と高電界を利用した機器があります。前者は電気集塵器、静電塗装、コピー機、オゾナイザーなどです。また、後者は電子顕微鏡や粒子加速器などです。本章では高電圧応用の観点から、これらの機器や装置の原理について述べます。

8.1　放電の利用

8.1.1　電気集塵器

石炭火力発電所、製鉄所、セメント工場の分野で発生する廃ガス中に含まれる微細なダストなどを捕集・除去する電気集塵器に、高電圧が利用されています。電気集塵器の原理的な構造を**図 8.1** に示します。高電圧が印加される放電極が 2 枚の接地された集塵極に挟まれています。この放電極に数十 kV の負極性電圧が印加され、コロナ放電が発生します。このコロナ放電に伴って、ダスト粒子は（－）イオンとなります。このイオン化したダスト粒子は、正極の集塵極に移動して捕集されます。

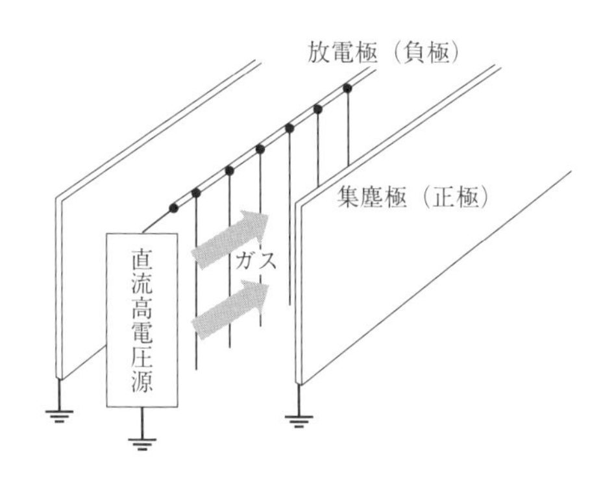

図 8.1　電気集塵器の原理図

8.1.2 静電塗装

家電品、自動車部品などに塗装する際、高電圧を印加し、帯電させた塗料を噴霧する方法があります。これは静電塗装法と呼ばれ、その原理を**図 8.2** に示します。塗料を噴霧する塗装機側に負極性高電圧 30 ～ 150 kV が印加されます。一方、被塗装物は接地され、正極性側となります。塗料の微粒子は静電スプレーガンから負極性に帯電して放出されると、正極性の被塗装物に吸引されます。静電塗装法により、塗料が微粒子化して気泡のないきれいな仕上がり効果が期待できます。

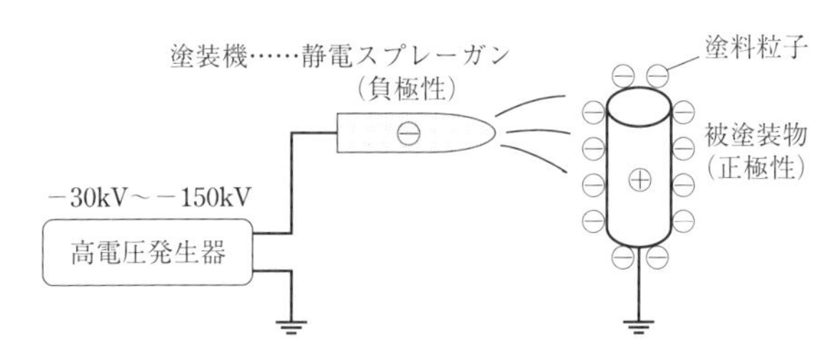

図 8.2 静電塗装の模式的な図

8.1.3 コピー機

コピー機を単純化して、断面から見た様子を**図 8.3** に示します。コピーのプロセスは次のとおりです。

① 帯電：感光体に静電気を与える
② 露光：感光体に静電気の像を作る
③ 現像：静電気の像にトナーを付着させる
④ 転写：感光体上のトナーを紙に写す
⑤ 定着：紙にトナーをしっかりつける（熱を加える）
⑥ クリーニング：感光体上のトナーを取り除く
⑦ 除電：感光体の静電気を取り除く

このプロセスの①と④において、高電圧が利用されています。まず、①の帯電プロセスでは、6,000V ～ 8,000V の負極性高電圧でコロナ放電を発生させ、感光体の上側に負電荷を均一に帯電させます。このうち、②の露光によって文字の部分のみ電荷が残ります。③の現像では、この上をトナー（粉状のインク）が付着した磁気ブラシなどでなでると、正極性に帯電したトナーが静電気像のとおりに付着します。このトナーを紙に移した後（④）、加熱溶解して紙に定着させ（⑤）、原稿どおりの文字や像がコピーできます。

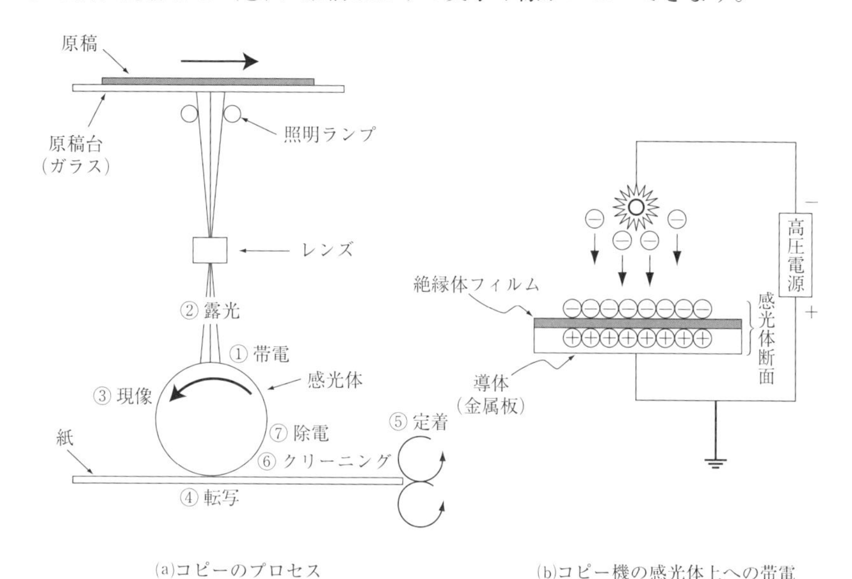

図 8.3 コピー機の高電圧利用例

（出典）リコーホームページ，リコー・サイエンスキャラバン大解剖シリーズ「コピー機の不思議大解剖！」

8.2 高電界の利用

8.2.1 電子顕微鏡

通常よく使われている光学顕微鏡は光の透過を応用しています。これに対して、電子顕微鏡は光の代わりに高速電子を応用しています。高電圧で電子を加速すると、電子は光のような波の性質を現します。このような高速電子を対象物に当てて観察するのが電子顕微鏡で、透過型と走査型があります。

8.2.1.1 透過型電子顕微鏡

透過型電子顕微鏡は、観察対象をできるだけ薄く（厚さ 100 nm 以下）して、電子を当て、その透過により対象物を観察します。その電子は 100 ～ 1000 kV 程度の高電圧で加速されます。例えば、300 kV の高電圧で加速された電子の波長は 0.00197 nm で、可視光の短波長 400 nm より桁（けた）違いに短

第8章

くなります。このため、光学顕微鏡より高い数十 pm 程度の分解能が実現されています。

8.2.1.2　走査型電子顕微鏡

走査型電子顕微鏡では、電子が高電圧（0.1 ～ 30 kV）で加速され、電磁的なレンズで絞られます。この細い電子線は試料全体に当たるのではなく、試料を走査（scan）し、その際試料から出てくる情報（信号）を検出し試料表面の微細な凹凸像を構築します。また、電子線の当たった試料表面の元素分析も可能です。

8.2.2　粒子加速器

粒子加速器は、物質の構成要素である陽子や電子など素粒子を加速する装置です。その原理は、電極間に高電圧を印加し、その電位差により荷電粒子を加速するというものです。用途は主に原子核や素粒子の研究ですが、最近は癌（がん）などの治療にも応用されています。

原子核や素粒子実験では、まず入射加速器で粒子を加速し、さらにその粒子を線形加速器、サイクロトロン、シンクロトロンで必要なエネルギーまで加速しています。加速に用いる直流高電圧はコッククロフト・ウォルトン型などで発生します。その加速電圧は数百 kV ～数 MV 程度に達します。

8.2.2.1　線形加速器

基本的な構造は円筒型中空電極を複数並べたもので、隣り合った電極はそれぞれ異極性になるように、交流電圧が印加されます。この交流電圧は高周波で、加速対象の粒子がギャップから次のギャップに到達するまでの時間が半周期になるように、調整されています。その周波数は 100 ～ 3,000MHz です。

8.2.2.2　サイクロトロン、シンクロトロン

荷電粒子が磁場の中を運動すると、粒子にローレンツ力と遠心力とがはたらき、円軌道を描きます。また、この軌道上には半円状の電極が設置されており、粒子が円軌道を運動する度に加速されます。この周波数を粒子の回転数と同期させると、粒子はさらに大きな円軌道を描くように運動します。そ

して、一定の運動（エネルギー）に到達すると、サイクロトロンから放出されます。

サイクロトロンにおいて、さらに高エネルギーを得るには、軌道半径を大きくする必要があります。これに対して、円軌道の半径は一定で、磁場を強くする手法があります。このような加速器はシンクロトロンと呼ばれています。

付録　放電現象研究の歴史

1．摩擦電気

「琥珀(こはく)をこすると埃(ほこり)を吸いつける」現象は古代ギリシャで見出された不思議な現象としてとらえられていましたが、中世には科学の対象として取り上げられるようになりました。

2．ギルバート

16世紀後半、イギリスの物理学者**ギルバート**は摩擦により物を引きつける性質がガラスや硫黄などにも現れることを発見し、これらの物質をELECTRICA（電気的物質）と呼びました。ELECTRICAは琥珀のラテン語“electrum”に由来しています。エリザベス女王（エリザベス1世）の侍医であったギルバートは、女王の前で電気現象のデモンストレーションの実験を行ったことが記録に残されています。

図 付.1　エリザベス女王の前で実験するギルバート

3．火花放電の観察

放電現象は古くから科学者の研究対象として取り上げられてきました。17

世紀の中頃（1660年頃）、ドイツの科学者でマルデブルグの市長を務めた**オットー・フォン・ゲーリッケ**は硫黄の大きな球を布で摩擦する静電発電機を作り、これによって火花放電を観察しました。

4．ライデン瓶の発明

1746年、オランダライデン大学の**ミュッセンブルーク**はガラス容器に水のようなものを入れ、これに電気をためることに成功しました。これが**ライデン瓶**です。

5．フランクリンの実験

フランクリンは、ライデン瓶で電気が起こせるならば天地をひとつの巨大なライデン瓶と考えれば同じような現象が起こるはずで、それは雷雨に伴う稲光ではないかと考えました。1752年、彼は凧の先に金属棒をつけ、絹糸で地上に電気を導けるように工夫し、この凧を低く垂れ込めた雲のなかに揚げたところ、絹糸の表面が毛羽立つのを観測しました。そして、火花放電と稲光が同じ電気的現象であることを示しました。

図付.2 フランクリンの実験

6．アーク放電の発見（デービー）

イギリスの科学者**デービー**は1800年に電池に接続された二本の炭素棒を互いに接触させた後に引き離し、高輝度の光が弧状に立ち上るのを見出しました。これがアーク放電の発見です。

7．グロー放電の発見（ファラデー）

19世紀に活躍したイギリスの科学者**ファラデー**は、1831年～1835年に低気圧中における放電の研究に取り組み、発光部と暗部が交互に現れる放電を発見し、グロー放電と名づけました。

8．真空放電の研究と電子の発見

ドイツの物理学者**プリュッカー**は真空に近い低気圧空気中の放電について研究し、1858年に真空度～1/100mmHgのグロー放電中で放電管の電極周囲のガラス管が緑色に光るのを発見しました。プリュッカーはこの現象は電極から何かが放射され、それがガラス管に当たって管を光らせていると考え、この放射線の正体を探ろうとしました。そして、ガラス管のそばに磁石を置いたときに光る部分が移動することを見出し、これは放射線が電気を持っているためと推論しました。

低気圧中の放電の研究を行っていたイギリスの科学者**クルックス**は、1874年に「陰極から放出する放射線（陰極線）が原子を構成している基本的粒子らしい」という仮説を立てました。クルックスと同じ時代に活躍したイギリスの科学者ストーニーは1891年にこの粒子を**電子**と呼ぶことを提案しました。

放電管を用いて放射線の研究を行っていたイギリスの科学者**J. J. トムソン**は19世紀末の1894年に、陰極線が通過する経路に電極を設け、電極を帯電させると放射線の方向が変化することを確かめ、陰極線がマイナス極板から遠ざかり、プラス極板に近づくことを見出して、陰極線が電気を帯びた粒子から構成されていることを明らかにしました。トムソンはさらに、その粒子の大きさが原子と同程度のもので、マイナスの電気を持つと結論づけました。そして、この粒子の電気量と質量の比（比電荷）を測定し、この比が放電管の電極や気体の種類を変えても一定であることを確かめ、この粒子、すなわち電子がすべての物質に共通に含まれていることを確認しました。

参 考 文 献

＜書籍等＞

(1) 白井道雄「物理化学 三訂板」(実教出版、1995年2月)
(2) 向坊 隆 編「岩波講座 基礎工学 材料科学の基礎Ⅱ」(岩波書店、1968年2月)
(3) 河野照哉「新版 高電圧工学」(朝倉書店、1994年9月)
(4) 宅間董、柳父悟「高電圧大電流工学」(電気学会、1988年9月)
(5) 家田正之編著「現代 高電圧工学」(オーム社、1981年3月)
(6) 河村達雄、河野照哉、柳父悟「高電圧工学3版改訂」(電気学会、2003年2月)
(7) 日高邦彦「高電圧工学」(数理工学社、2009年1月)
(8) 本田侃士「気体放電現象」(東京電機大学出版会、1964年4月)
(9) 鳳 誠三郎、関口忠、河野照哉「電離気体論」(電気学会、1969年1月)
(10) 電気学会放電ハンドブック出版委員会編「放電ハンドブック下巻」(電気学会、1998年8月)
(11) 電気学会放電ハンドブック出版委員会編「放電ハンドブック上巻」(電気学会、1998年8月)
(12) 原雅則、酒井洋輔「気体放電論」(朝倉書店、2011年9月)
(13) 電気学会編「電気工学ハンドブック(第7版)」(オーム社、2013年9月)
(14) 電気学会編「電気工学ハンドブック(第6版)」(電気学会、2001年2月)
(15) 高橋劭「雷の科学」(東京大学出版会、2009年11月)
(16) 北川信一郎編著、河崎善一郎、三浦和彦、道本光一郎著「大気電気学」(東海電気出版会、1996年6月)
(17) 日本大気電気学会編「大気電気学概論」(コロナ社、2003年3月)
(18) 犬石嘉雄編「誘電体現象論」(電気学会、1973年7月)
(19) 関井康雄、脇本隆之「改訂新版 エネルギー工学」(電気書院、2013年1月)
(20) 財満英一編著「発変電工学総論」(電気学会、2007年11月)
(21) F. W. Peek "Dielectric Phenomena in High Voltage Engineering" (Mac Graw Hill、1915年4月)
(22) Edited by R. Bartnikas "Electrical Insulating Liquids," (ASTM、1994年)
(23) 電気学会技術報告No.892「沿面放電に関する最新の研究と絶縁技術」(電気学会、2002年9月)
(24) 技術総合誌「ＯＨＭ」、特集「絶縁材料から見た劣化診断」(2012年4月号)

(25) リコー・サイエンスキャラバン大解剖シリーズ「コピー機の不思議大解剖！」P.10
(26) 日新パルス電子株式会社ホームページ、波高電圧計（PEAK HOLD METER）
(27) JAIMA（一般社団法人 日本分析機器工業会）ホームページ、「分析の原理」05 電子顕微鏡の原理（参考）
(28) http://j－parc.jp/Acc/ja/acc/html

＜論文＞
三好保憲「コロナ放電の機構について」静電気学会誌、第1巻1号 pp. 52－57（静電気学会 1997年2月）
長尾 ほか「ガラス転移温度領域におけるポリエチレンフィルムの絶縁破壊」電学論A、96巻12号、pp.605－611（電気学会、1976年12月）
中出ほか「CV ケーブルの高温運転電気特性」電学論B、Vol.121(1) pp.109－114（電気学会、2001年1月）
三坂俊明「小特集大気圧非熱平衡プラズマの環境工学への応用　2. 電気集塵」プラズマ・核融合学会誌、第74巻第2号、pp.129（1998年2月号）

索　引

◆ あ行 ◆

◆ か行 ◆

◆ さ行 ◆

◆ た行 ◆

◆ な行 ◆

◆ は行 ◆

◆ ま行 ◆

◆ や行 ◆

◆ ら行 ◆

著者略歴

関井康雄（せきい・やすお）

1936年生まれ。1965年東京大学大学院電気工学専攻修士課程修了、同年4月日立電線株式会社に入社。同社において絶縁材料の劣化の研究、超高圧XLPEケーブル（架橋ポリエチレンケーブル）の開発研究に従事。同社電線研究所第一部長（管掌部門送配電）、主管研究長歴任。1994～2007年千葉工業大学教授、現在（2014年）一般社団法人電線総合技術センター顧問、工学博士、技術士（電気電子部門）。静電気学会会員、電気学会上級終身会員、IEEJプロフェッショナル、IEEE（米国電気電子学会）LifeFellow。

海老沼康光（えびぬま・やすみつ）

1947年生まれ。1972年東京都立大学工学部大学院修士課程修了、同年昭和電線電纜株式会社入社。同社において、高電圧ケーブルの研究開発および絶縁劣化測定法の研究開発に従事。同社、高電圧研究室長、研究開発部長、電力システム技術部長、研究企画室長を歴任。2003年から湘南工科大学電気電子工学科教授。現在（2014年）、一般社団法人電線総合技術センター会長、日本電線工業会第55委員長（IEC－TC55）、博士（工学）。電気学会会員、電気設備学会会員、静電気学会会員。

基礎から応用まで　高電圧工学

2015年3月6日　第1版第1刷発行

著　者　関井　康雄
　　　　海老沼　康光
発行者　田中　久米四郎

発 行 所
株式会社　電 気 書 院
www.denkishoin.o.jp
振替口座　00190-5-18837
〒 101-0051
東京都千代田区神田神保町 1-3 ミヤタビル 2F
電　話　(03)5259-9160
F A X　(03)5259-9162

ISBN 978-4-485-30084-8 C3054　　創栄図書印刷株式会社

Printed in Japan